U0938337

作者簡介

譚潔儀
TOM Kit Yee Kitty

為港菜探古尋源，著作有《港人港菜》、《港人港菜 · 點心》，透過伴隨港人成長的食物細說香港故事；其他著作尚有《香港米行商會百周年紀念特刊》和《辦館街印記：香港故事 —— 罐頭、洋酒、雜貨今昔》。

潑墨工房（INK Publishing）創辦人；並為「長者進修」課程任教「尋溯香港中式飲食文化」課程，又為本地註冊導遊持續進修計劃講授「港人港菜的文化與傳承」，致力傳揚香港的飲食文化。

樓下士多

譚潔儀 著

辦館・糧油雜貨

萬里機構

序言

推薦序一

香港的辦館士多糧油雜貨，是這座城市發展脈絡中不可或缺的民生縮影，它們的歷史，是一部記錄着時代變遷與市民生活變化的生動史書。

在 20 世紀中葉以前，香港的商業格局尚未成型，糧油雜貨店多以傳統的家族式經營為主，店舖規模不大，卻是居民日常生活的依賴所在。這些店舖不僅提供基本的生活必需品，如米、油、醬油、糖等，還承載着社區的溫情與記憶。店家與顧客之間往往建立起深厚的信任關係，顧客可以憑着信用購買商品，待手頭寬裕時再結帳，這種「賒數」文化，體現了當時社會的淳樸與人情味。

隨着香港經濟的發展和城市化的加速，1950 年代開始，大量內地移民湧入香港，人口的急劇增長使得對生活物資的需求也日益旺盛。為了滿足這一需求，更多的辦館士多應運而生，它們分佈在城市的各個角落，成為居民生活中不可或缺的一部分。這些店舖不僅銷售傳統的糧油雜貨，還開始引入一些進口商品，豐富了居民的選擇。

進入 1970 年代，香港政府開始大規模發展新市鎮，如沙田、荃灣等地，這些新市鎮的興建帶動了周邊商業的繁榮，辦館士多也隨着新市鎮的發展而蓬勃興起。例如沙田瀝源邨，作為當時重要的公共屋邨之一，吸引了許多辦館士多進駐，為居民提供方便快捷的服務。這些店舖不僅滿足了居民的日常生活需求，還成為社區交流的重要場所，店家與顧客之間的互動，構建了一個個充滿人情味的社區網絡。

然而，隨着時間的推移，大型超市和連鎖便利店的興起，對傳統的辦館士多糧油雜貨店造成了不小的衝擊。這些現代化的零售業態，以其豐富的商品種類、便捷的購物環境和高效的物流配送，逐漸改變了人們的消費習慣。傳統的辦館士多，面臨着經營模式轉型的壓力，許多店舖不得不通過擴大經營範圍、引入更多樣化的商品或提供特色服務來適應市場的變化。

儘管如此，香港的辦館士多糧油雜貨店依然在城市中佔有一席之地。它們不僅是居民日常生活的補充，更是一種文化符號，見證了香港從一個小漁村發展成為國際大都會的歷史變遷。這些店舖所蘊含的人情味、社區精神以及傳統的商業文化，成為香港這座城市獨特魅力的一部分，值得我們去珍惜和記憶。

葉本良

港九罐頭洋酒伙食商協會會長

為了做書而相遇相知，轉眼10年有多了！這10年間，見證了Kitty（譚潔儀）圍繞香港飲食界、香港飲食文化寫過不下10本書。從早期以訪談為基礎的敍事，到《港人港菜》兩冊的旁徵博引、今昔對照與親訪相關專業人士互相印證，奠定了她的寫作風格，每本書都花了大量時間去做採訪和資料搜集，去蕪存菁地將香港某方面的故情故事呈現在讀者眼前，每本書都蘊含幾分歷史、幾分人文情懷。

昔日香港，除了去街市購買鮮活食材外，普羅大眾最常光顧的商店應數街頭巷尾的雜貨舖和士多，除了做買賣，這些店舖和街坊鄰里更建立了幾代的情誼，充滿濃濃的人情味。時移勢易，這些以前圍繞你我身邊的店舖多已被大型超市和便利店所取代，士多辦館雜貨店變成少數的存在。可能對一般消費者來說，哪裏方便哪裏買，好像沒有甚麼分別；但那份守望相助的人情味卻是連鎖店難以提供的。Kitty的新作正是給香港士多辦館和糧油雜貨店來一個側寫，讓大家重溫那些年那些事，相信有相同經歷的人在閱讀過程中當會點頭稱是、綻發共鳴的笑與淚；新一代也能透過閱讀本書，領略本地的民生歷史，引證父祖輩的童年回憶，還可按圖索驥趁這些店舖仍在時，親自去體會一下。

忝為多年合作伙伴，值《樓下士多．辦館．糧油雜貨》出版之際，欣然推薦，樂之為序。

祁思
資深編輯

本書走訪 11 間分佈港九新界以至離島各區的辦館士多及糧油雜貨店，主選開業年期較長、與街坊情誼深厚的小店。

並不是每間小店都熱衷於接受訪問並結集成書，惟幸最後得出 11 篇展現不同個性的人情味小品，更立體地呈現辦館士多和糧油雜貨業在香港留下的歷史足跡。

慣常被視作人情味滿滿、為方便街坊而設的賒數傳統，在風雨飄搖的日子裏卻是店主淚濕衣衫的一根刺。年輕一代可知道香港的發展有多快嗎？請看本書〈李坤記〉一文一窺究竟。代代相傳，既可以是對家族品牌戀戀不捨，也可以是各懷其志；由外公輩勇闖新市鎮掘第一桶金，到女兒落葉歸根，外孫祈望找一個避風港延續老闆夢。

筆者衷心希望讀者在閱讀過程中，可以更全面了解這個曾經「梗有一間喺左近」，為無數街坊提供片刻歡樂的辦館士多和糧油雜貨業。

譚潔儀

BAAN^{6} | GUN^{2} | SI^{6} | DO^{1}

街坊情誼

經典零食圖集

目錄

滄海桑田

注意
特區政府通告

假日士多
HOLIDAY STORE
假日士多
HOLIDAY STORE
Holiday Store

LOENG4 | JAU4 | ZAAP6 | FO3

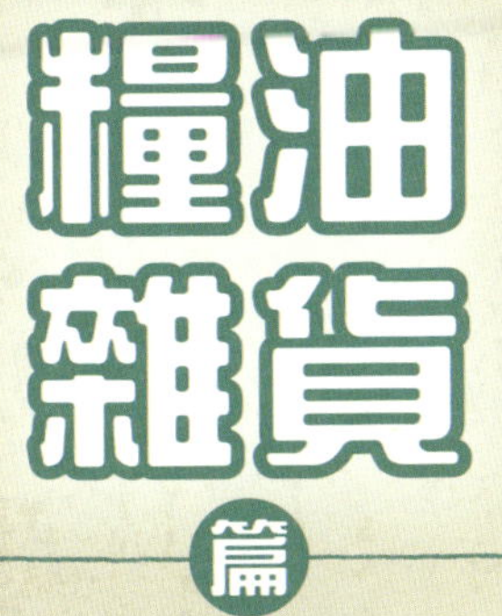

糧油雜貨篇

歷史

歲月留痕

開門七件事

糧油雜貨店的傳統用具

BAAN6 | GUN2 | SI6 | DO1

辦館士多

辦館士多的前世今生

代辦伙食的店子

辦館，譯自英文 Provision Store，原意是供給伙食的店子；中文喚作「辦館」，有「代辦伙食」的意思。

香港開埠初期，英國商船絡繹來港，開展對華貿易。這些商船攜來大量**洋貨**，包括罐頭、餅乾、奶類及洋酒等食品，並停泊於維多利亞港，吸引不少廣州商戶來港辦貨；當時，實力雄厚的英資洋行負責代理進口業務，盤踞灣仔及銅鑼灣沿岸的重要上落貨點，並建立倉庫，形成完整的貿易網絡。另一方面，這批洋貨亦供給居港洋人，包括殖民政府官員，以滿足他們的日常所需。

與此同時，華南沿海一帶的蜑戶紛紛來港尋覓工作機會，而英國商人也樂於僱用他們，以駕駛小艇從洋船卸載貨物，運送至倉庫儲存；亦從岸上運送補給，確保船員得以整備遠航 —— 這些蜑戶既成為洋船與岸上洋行及貨倉的橋樑，同時也為遠洋輪船承辦補給。後來，蜑戶逐步發展為專門代辦外洋輪船伙食及船上日用品的「**伙食行**」，他們向洋行採購物資，專為全船人員及旅客提供伙食補給服務。

除了承辦洋船補給，岸上也有專門代辦居港洋人以至政府機關伙食的「**洋食店**」。這些「洋食店」絕大部分由華人經營，多集中在皇后大道中、域多利皇后街和中環街市（Central Market）附近，此外，還兼營批發和零售生意，主要販賣外國食品如罐頭、奶類、咖啡和洋酒等。「洋食店」與「伙食行」同樣具有代辦伙食的的性質，因此都稱作「辦館」。早期的著名辦館有開業於 1865 年的南興隆辦館，倉內洋酒庫存屬全港之冠。辦館的規模有大有小，部分店舖原本僅售牛油、火腿、雞蛋等雜糧，後來因居港洋人頻繁叫貨託買所需食品，逐步也演變為辦館。

1890 年，集合「伙食行」與「洋食店」兩類辦館行業的牌照費用，共收 885 元，這也反映出大部分辦館同時經營這兩類業務。

商業模式二分化

1941 年，日軍入侵，香港淪陷。戰後，大批內地同胞南下，香港人口急增，百廢待興，除了住屋外，對糧食的需求尤其殷切。辦館在當中扮演着重要角色，主力提供市民大眾日常生活所需，諸如糧油伙食等；據《華僑日報》出版的《香港年鑑》第一、二回（1948、1949）工商名錄中，「辦館業」的數目，由戰後初期只有 50-60 間，至 1950 年出版的第三回已演變成「辦館士多業」，而且數目大幅上升至 210 多間，單是位於別稱「辦館街」的域多利皇后街，已經佔 13 間。

自此，辦館的商業模式愈趨二分化：較具規模的辦館，專注商業服務的發展，除承包大型機關的伙食，也徐徐擴充和轉型至從事物流、冷倉和餐飲批發等。如位於干諾道中的宏記，在洋船抵港時承包貨物起卸；榮生祥則統辦酒樓餐廳食材原料和供應筵席酒水。不少在戰前已經開業的辦館，包括榮生祥、榮陽、均泰隆、捷榮、同順興、通泰、秦和、華昌、永利、合成及鴻昌等，都會專營某一

早期辦館集中在中環街市附近，為居住在山頂的外國家庭代辦伙食，並提供送貨和記帳服務。圖為 1937 年亞洲辦館廣告。

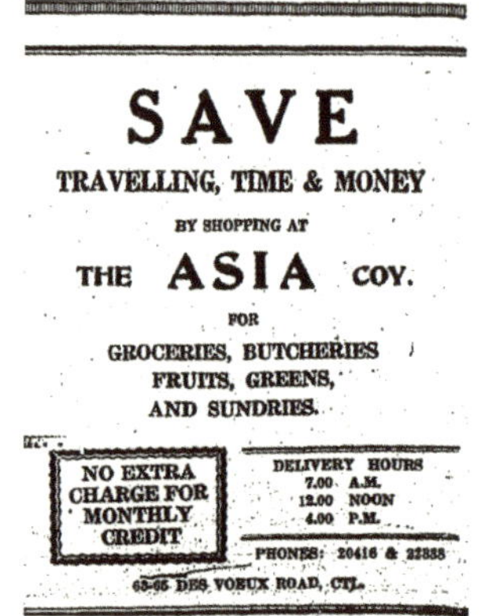
SAVE
TRAVELLING, TIME & MONEY
BY SHOPPING AT
THE ASIA COY.
FOR
GROCERIES, BUTCHERIES
FRUITS, GREENS,
AND SUNDRIES.

NO EXTRA CHARGE FOR MONTHLY CREDIT

DELIVERY HOURS
7.00 A.M.
12.00 NOON
4.00 P.M.

PHONES: 20416 & 22333
63-65 DES VOEUX ROAD, CTL.

類洋行代理的品種，以免造成惡性競爭，例如榮陽和捷榮以經營和批發咖啡紅茶為主、利華專營批發洋酒；亞洲辦館乘供應伙食之利，兼營凍房，入口和經銷凍肉、鮮果及雞蛋等。

另一方面，一些小本經營的辦館則留守零售市場，期間便出現了為數不少的「士多」。士多，取自英語 Store 音譯，估計因為只做零售生意，沒有了 Provision（供給伙食）的功能，故直接稱呼為士多；士多面積細小，是主力販售零食、飲品和民生日常的零售店舖。市民常以「辦館士多」統稱，或將兩者混為一談，實質上可理解士多為保留了辦館的零售功能。

戰後，香港人口由 60 餘萬急增至 1950 年逾 200 萬，住屋成了逼切解決的問題。其時各區有所謂「寮屋區」，多在山邊臨時搭建，不少人暫住其中，但寮屋區人口和房屋密集，屢遭祝融光顧；有見及此，政府在 1950 年代初期興建臨時的徙置大廈，到 1961 年正式

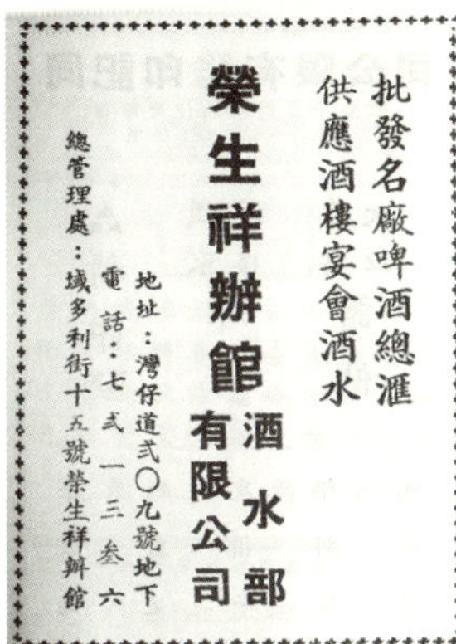

開業於1911年的榮生祥辦館，亦曾在別名「辦館街」的中環域多利皇后街留下足跡。

推出樓宇結構和設備較優勝的廉租屋計劃。小本經營的士多便在這些寮屋區、徙置大廈、廉租屋，以至後來的新市鎮和公共屋邨等遍地開花。

儘管士多和辦館在功能上似是漸行漸遠，但實際上兩者在仍然保持密切關係，並演變成產業鏈的上下游角色。

如上文提及，好些辦館戰前已開業，歷史悠久，並已建立商譽，加上人脈開通，遂漸漸發展為批發商，批發供貨予較小型或新開業而未能在洋行開戶的辦館和零售士多。一般而言，洋行在進口貨物後，會委託一至兩間具實力的辦館擔任總經銷（行內俗稱「頭拆」），如華昌和榮生祥等，負責「拆櫃」並承包貨量；然後由總經銷分拆貨物到下線的分銷商，最後將貨物分銷到批發商手上，由上而下。批發商的下線，多是在舊區和街市一些規模較小的零售店舖，亦即「士多」。

超級市場出現

辦館行業發展蓬勃，在另一邊廂，英資的牛奶公司（Dairy Farm）和連卡佛（Lane Crawford）於 1960 年合辦全港首間超級市場——大利連超級市場（Dairy Lane），英文店名從兩間母公司各取頭一個字，店址就在德輔道中皇室行（即現歷山大廈）。除了經營外國食品，還供應新鮮烤製麵包，價格走中上路線，以外國家庭為主要顧客對象，並引進美國超級市場的「自助購物」模式，顧客毋須向服務員索取貨品，可自行於貨架選購貨品。1964 年牛奶公司收購了原本經營辦館業務的惠康有限公司，以及連卡佛所持有的

牛奶公司和連卡佛在 1960 年合辦全港首間超級市場——大利連（Dairy Lane），選址中環德輔道中皇室行。圖為 1961 年大利連獨家發售的川寧紅茶廣告。

大利連股份，似是有意拓展超市藍圖。此後，香港開始有零星的超級市場出現，但主要客源仍是洋人，其數目不多，而且全屬英資，選址也局限於中上地段，貨物價格偏高，並未走進普羅大眾的市場。

然而，隨着生活水平改善，香港市民普遍已接受外國食品，當中包括各類副食品、洋酒和飲品等。1970 至 1980 年代，市場醞釀巨變，連鎖超級市場迅速擴張分店網絡。牛奶公司貿易部總經理布勒曾在一篇訪問中表示：「第一間打入華人社會的超級市場是 1970 年位於華富邨的惠康。」至於百佳超級市場（Park'n Shop）的出現，則待至 1973 年屈臣氏集團收購山頂的裕光超級市場；至此，兩大連鎖超市陣營正式成立，其來勢洶洶，正面衝擊着「辦館」這個百年傳統行業。

惠康有限公司改換電話號碼啓事

敬啓者敝公司自八月五日起原有電話『二八三〇四』及『二九六六』改用下列新號碼

三〇二五三及三〇二五四

各界仕女如蒙 惠顧賜教請撥新號碼是荷

惠康有限公司啓

中華民國三十六年八月四日

惠康公司
新電話碼
80253
80254

請剪存此號碼以備通話之用

惠康有限公司在 1945 年開業時，經營一般辦館業務，直至 1964 年被牛奶公司收購，並引進自助購物。圖為 1947 年惠康有限公司啟示。

為保持競爭力，一些稍具規模的辦館作出變革，轉型成為華資超市，例子有通泰、德利棧、明泰隆、偉林、觀塘、百盛、華昌、三昌……等，數目繁多，不能盡錄；他們改用貨架分門別類陳列貨品，並供人客自由選購。部分華資超市一度有不錯的發展，例如曾擴充至 10 間分店的明泰隆，在電台大賣廣告，並大搞抽獎和贈送禮物等營銷活動；有 6 間分店的德利棧，由零售、批發、代理進口發展至超市，覆蓋上下游業務。至於資本不夠雄厚的

榮生祥於 1970 年代轉型華資超市，圖為第二代東主歐陽亦藜先生。

小規模辦館（或士多），則以小店方式繼續經營。

1978 年，全港超市的數目突破 100 間，總數達 129 間，當中包括 24 間惠康，百佳則只有數間。值得一提是，「惠康超級市場」的名字，要直至 1980 年大利連超級市場和惠康合併才正式出現。1980 年代香港經濟起飛，逛超市成為普羅大眾的生活情趣；此外，銀行利息高企，以現金交易（cash cow）的超市行業吸引資金流入，遂迎來了超級市場高速發展的 10 年。

期間，連鎖超市之間的競爭走進白熱化階段。1984 年，惠康與百佳展開「價格戰」。1984 年 4 月 25 日，百佳宣佈推出「反通脹行動」，近百種貨物以低於一般零售商的來貨價發售；翌日惠康隨即以「事實勝於雄辯，惠康始終最平」作出反擊，且減價幅度更大。這場「以本傷人」的價格戰，嚴重打擊許多中小型華資超市，以及辦館士多的生意，短短兩個月便有 30 間小型華資超市倒閉結業。

便利店迅速擴展

1980 年代初，牛奶公司繼續拓展零售業務，於 1981 年取得授權，在香港經營 7-Eleven；本地首家 7-Eleven 在同年開業，並以特許經營權的方式在全港迅速擴展分店網絡，短短 4 年內已經開設 80 間分店。1985 年，利豐集團旗下的 OK 便利店（Circle K）也加入戰團，成為本港第二大連鎖便利店集團。

便利店結合了士多辦館的便利與超級市場的現代經營模式；面積與士多辦館相若，每間大約 700~800 平方呎，但可供選擇的貨

面對連鎖超市的挑戰，辦館紛紛變革求生，改營華資超級市場。圖為1970年代的通泰超級市場。

WINNER
澳洲特級
KET

品種類儼如一間迷你超市，店內並設有自助飲品機和供加熱速食用的微波爐。其特許經營權的招商模式，為欠缺營商資本和經驗的加盟者提供「一條龍」式採購服務；投資門檻不高，讓其擴展更為迅速 —— 所謂「梗有一間喺左近」。

受到連鎖超市和便利店兩面夾擊，好些老字號辦館在早年累積第一桶金後，家族後人多已轉營他業，無意繼承。據消費者委員會在 2013 年進行的《雜貨零售市場研究報告》，兩間最大型連鎖超市店鋪數目共佔市場 62.5%；相反小型超市（分店數目少於兩間）無論在分店數目或市場份額上都被大幅拋離。至於主力零售生意的小型辦館士多，生存空間更愈見縮窄，漸漸地只能在一些老牌屋邨找到它們的身影。

至 2020 年，突如其來的新冠疫情徹底改變了人們的生活方式 —— 長時間足不出戶，使得網購迅速崛起，成為主流消費模式。人們安坐家中，輕觸手機屏幕便可下單，貨品隨即送達門前，極大地提升了購物的便捷性。

面對網購興起、屋邨重建、大業權轉移，乃至人口老化、後繼無人等多重因素，傳統小型辦館士多正被時代的洪流推向邊緣，面臨前所未有的挑戰。筆者走訪多間辦館士多，大多異口同聲說：「若不是店舖隸屬房屋協會旗下，租金廉宜，相信小店難以生存。」租金以外，可能只有鄰里間的深厚情誼，讓它們一直堅持至今。

參考資料：
香港糧食雜貨總商會：《香港糧油雜貨店營商攻略》，香港糧食雜貨總商會，2016 年。

辦館從業員訪談

訪談對象

李鏗先生

辦館 / 洋行業資深從業員，曾任職太古貿易、庇利亞洋行及和記洋行，其後創立京偉貿易公司。

1945 年 8 月 18 日，日本在第二次世界大戰戰敗投降第三天，13 歲的我就從肇慶來港，到中環「通泰辦館」（現址德輔道中 40 號通明大廈）投靠同鄉，在那裏負責送貨；最遠試過由中環挑擔挑行至筲箕灣。當時我沒有工資，只獲提供食宿，每日由朝早 9 點做到晚上 11 點，年中無休。農曆年三十晚更要做通宵，年初一照樣開工，因為辦館賣糖果、餅乾，過年時生意特別好。

某天，有個香港大學的教授來辦館買煙，我對他說：「我無書讀好可憐，不如我每朝 8 點過來跟你學英文，讀到 9 點回去開舖。」於是便用 5 元買了一本英文課本，記得第一句學的是 "I see a pen and a book"。後來，我輾轉到多間辦館任職送貨，但內心毋忘：「在洋行做『行街』很發（財）的，除了有底薪，還可以賺取佣金！我要努力工作，積多些福，他朝有日一定會飛黃騰達。」於是，每次送貨到士多，我都主動幫手搬貨上閣樓，期望士多老闆能夠記得我，他日待我「升職」到洋行做「行街」，士多老闆可能會向我訂貨。

後來，果然有朋友介紹我入「太貿」（太古貿易有限公司）做「行街」。我工作勤奮，獲洋人上司讚賞，資助我到香港大學讀英語夜校，那時我的工資才 200 元，學費卻要幾百！其後，我轉職到「庇利亞」伙食部，再過檔到和記洋行，一直做到李嘉誠收購「和記黃埔」便離職，用那筆長期服務金來創業。

職場上位秘笈

打掃

入職辦館的第一步，當然是任職雜工。日常工作包括要打掃舖面，尤其是在收舖後要洗乾淨地板；往時辦館只提供食宿給雜工，但所謂住宿，很多不過是晚上睡在舖內的地板而已。

騎單車

見工時，老闆會問求職者：「懂得踩單車嗎？」雜工最重要的工作之一是送貨；以前一袋藍線包的食米重 100 公斤、一箱玻璃樽裝汽水或啤酒裝有 24 支，少點力氣也搬不動，所以辦館老闆喜歡聘請體型高大、手長腳長的年青壯男。

包紮貨物

送貨前要執貨，執齊後便要包裝貨物。所說的是穩妥包裝，既要穩固安放在單車尾，又要在顛簸路途上免遭破損。用草紙（後來改用報紙）加鹹水草包裹，既防漏，又抗跌，成本低廉，實用為先。

SWEET CHILI SAUCE
for CHICKEN

驗收貨物

並不是任職年期長，便會學懂貨物知識。做後輩，想學得比別人多、學得比別人快，便要獲前輩「睇得起」，先決條件是「肯捱、肯摶，還要肯蝕底。」遇有疑難，要主動開口去問，前輩通常開口便罵，但請謹記「誰肯罵你，誰就是幫你！」

掌櫃

掌櫃一職，專稱「老師 / 先生」，屬辦館的管理階層。除了要懂得用算盤，還要寫得一手好字，因為要負責店內的文書工作如記帳、發帳單和文書往來。

英語會話

能用簡單英語與洋人交談，是晉身洋行業務部任職經紀（俗稱「行街」）的必要條件。

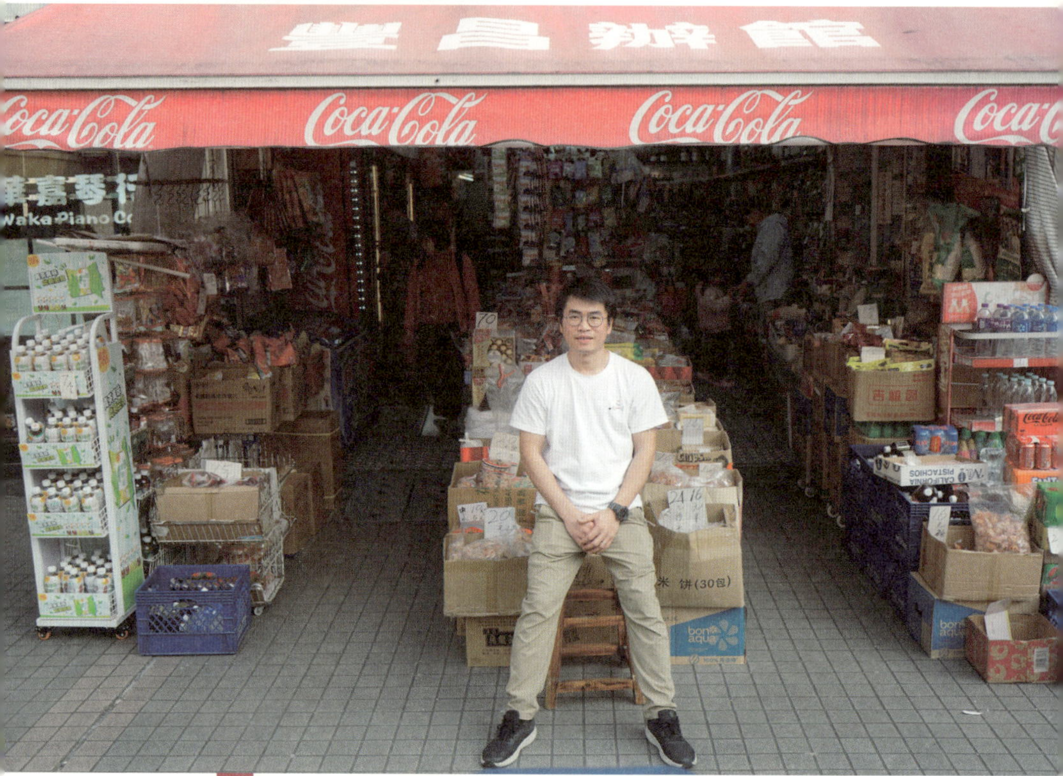

豐昌辦館

沙田瀝源邨華豐樓1樓8號鋪

豐昌辦館，是瀝源邨內第一間辦館，樓上單位的居民還未入伙，店主已經在樓下巴士總站擺檔，方便在瀝源邨上班的工友和新遷居的街坊購買日常吃喝用品。不過，豐昌辦館的歷史並不始於瀝源邨，而且之所以名為「辦館」，是因為豐昌辦館在剛開始的時候，確實是代辦糧油雜貨的。

勇闖新世界

第二代店東曾太說：「豐昌辦館由二叔開始做起，當年在油麻地經營糧油雜貨；後來到佐敦道碼頭再開分店（位置即現在的渡船街，現址已改營茶餐廳，仍沿用豐昌作名字）。」時值 1970 年代，超級市場的勢頭已在冒起，但新入伙公屋的街坊在日常生活上總有需求，曾太父親與四叔有見及此，便與二叔分道揚鑣，來到被規劃成新市鎮的沙田碰運氣。

沙田本來是有多條圍村的郊區，居民以漁農和畜牧為業，每逢週末就是郊遊和海浴的好去處。1960 年代初，政府為解決市區人口擠迫和住屋需求劇增等問題，草擬將沙田發展成新市鎮，並選址沙田舊墟興建第一個公共屋邨；為保留地區歷史，屋邨取名「瀝源邨」（沙田原名「瀝源」），1975 年正式入伙。「記得瀝源邨剛入伙時，沙田仍然很荒蕪，交通也不便利，很少人願意從九龍搬入新界居住！我也是偶爾才被喚來這邊幫手。」

1/ 曾太父親（右）和四叔（左）見經營糧油雜貨有利可圖，便來到初落成的沙田瀝源邨放手一試。（圖片由受訪者提供）

當時為了吸引商戶「遠渡」瀝源邨開店，房委會在舖位樓上提供一個空置公屋單位作貨倉之用。曾太未結婚前，便曾經和父親住在這個名為「貨倉」，實為公屋住宅的單位。近水樓台，加上潮州人刻苦耐勞的性格，豐昌辦館每日由清晨5時便開門，營業至凌晨1時。筆者嘆：「豈不是每日營業20小時？」曾太答：「有生意的！朝早，工友開工前來買香煙、勞工手套；凌晨時分，青少年和樓下熟食檔的夜遊人來買啤酒、汽水。」時至今日，開放時間仍然不變，她兒子曾慶佳在旁說：「這是她多年的習慣，改不了！」

2/ 曾太自少女時代已經協助父親經營辦館，中途曾離開過，但在父親退休後，與丈夫決定接手豐昌辦館。

3/ 以前每逢農曆新年，曾太與父親工作至通宵達旦，便索性留宿在辦館樓上的貨倉。這個樓上貨倉，其實是早期房屋協會為吸引經營者而提供的公屋單位，曾家早已歸還。

4/ 日出而作、日落而歸，說的是辦館門前的零食攤；曾太每日清晨開舖，便會逐件堆砌出來。

豐昌辦館

創校於199
新裝
SKOL
THE BEAT IS YOURS TO TAKE
CALIFORNIA PISTACHIOS
米饼(30包)

辦館初開

初開邨時，瀝源邨的平台休憩處除了豐昌辦館，還有 3 間糴米舖，解決街坊的飲食所需；其次最多便是五金舖。那是建設的年代，沙田周圍移山填海，地盤工友來買建材，街坊則買木工材料美化家居。那時，沙田娛樂城還未出現，而且邨內居民以草根階層居多，收入有限，罕有到九龍消遣娛樂，所以每逢黃昏後，瀝源邨的平台變身「為食大笪地」，人流絡繹不絕，是為街坊的「後花園」。

豐昌辦館起初也兼營**糧油雜貨**，甚至遠至亞公角的居民，都會來瀝源邨購買日常所需，如食米、汽水和衞生紙。在政府發展馬鞍山之前，亞公角尚未鋪設道路，居民出入需靠水路，昔日的街渡碼頭就在現時沙田娛樂城對出的城門河位置。即使現在，在豐昌辦館內仍能找到昔日經營糧油雜貨的痕跡，例如飲品櫃旁放了兩個盛有散裝茶葉的大玻璃樽，矮櫃內陳列出不同品種的包裝茶葉和茶餅，還有醬油和紅糖等雜貨。

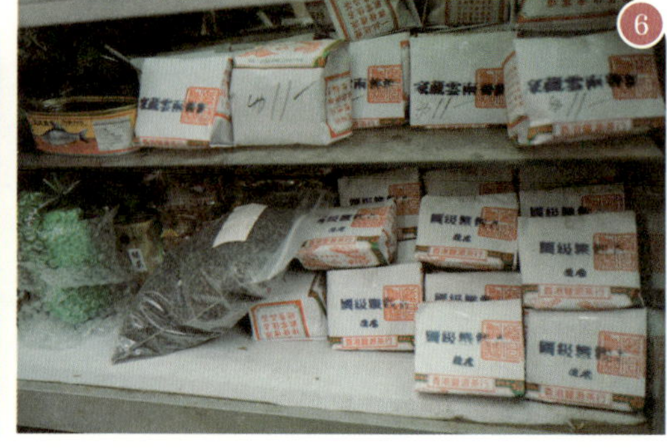

KENT
16元
13元
22元

舖面另一邊擺滿了**唐酒**和**藥酒**，種類接近 200 款，新舊品牌皆有。中酒如紹興黃酒、竹葉青、汾酒、大曲酒、高粱酒、二鍋頭和茅台等；藥酒如養命酒、羅漢果酒、壯骨木瓜酒、蛇酒、人蔘酒、至補三鞭酒和田七活骼酒等；當然少不了米酒，甚麼孖蒸、加飯酒、玉冰燒和玫瑰露一應俱備；最矜貴的，莫如由曾太親手釀製的梅酒，玻璃酒瓶旁邊掛有一個酒勺，街坊只需自備玻璃瓶，便可逐両購買。

「辣條放哪裏？」受孫女所託到豐昌辦館買零食的李先生問。

「辣條？還是魔芋爽？」曾太問。怕有失所託，李先生再作努力問：「你給我看看，我認認包裝。」

曾太也熱心起來，道：「我知！她不是要辣條，是要紅色包裝這款。今日早些時候，她才來過問我！」

筆者忍不住說：「你比李先生更熟悉他孫女的需要！」

李先生笑了起來：「當然啦！我孫女常常來幫襯。曾太又好記性，多年來街坊欠了多少錢？有沒有清繳？她都記得一清二楚。」李先生和曾太互相抬起槓來。

這位李先生，年少時已搬進瀝源邨，不經不覺他孫女都已經 10 歲，就在瀝源邨上學。

7

8

5/ 兩個盛有散裝茶葉的大玻璃瓶，見證豐昌辦館早年經營糧油雜貨的年代。

6/ 雖然現時經營模式與士多無異，不過老主顧們習慣飯後一杯茶，所以豐昌辦館仍保留售賣茶葉。

7/ 店內陳列的唐酒和藥酒接近 200 款，新舊品牌均有，在辦館士多中算是款式齊備。

8/ 梅酒本來是曾太浸製自用，豈料味道佳美，吸引街坊前來求售。

9/ 老顧客李先生，一家幾代人，都是豐昌辦館的常客。

10/ 拖拖小手，摸摸臉頰，把數天未見的小主顧逗樂，曾太每天便是這樣過日辰。

筆者抓緊機會問：「你是否也像孫女般，閒時便來豐昌辦館買零食？當年最喜歡吃些甚麼？」

被逗樂的李先生答：「當然啦！這裏有許多好東西，都是小朋友特別喜歡吃的。年代久遠，我已經印象模糊了，大概喜歡吃餅乾吧！雪糕、汽水等高價零食，要等儲夠錢或者碰巧大人出糧，才有機會品嘗。我記得有買過瓶裝可樂的！我們特別喜歡來這裏買，因為他們都很疼愛小朋友！」

街坊

曾太指着門口堆放貨物的位置，說：「以前這個位置用來堆放可樂，一箱箱疊到小山般高。」樽裝汽水之外，還有瓶裝啤酒和鮮榨橙汁。大人細路買了啤酒、汽水、果汁，便在平台隨便坐，享受片刻清涼。和許多士多辦館一樣，早年豐昌辦館設有電話，方便街坊，曾太就經常接到莫名其妙的電話：「見唔見我個仔呀？」、「我老公有冇來過？」……許多時候，阿媽要到街市買餸，便請曾太幫忙暫託小孩。曾太說：「所謂暫託，只不過放張櫈仔

足足有一個小人兒身高的辣條，是近年流行的熱賣零食。

讓小朋友坐，但他們豈會乖乖坐定呢？通常都跑跑跳跳，有時還會偷糖果吃，我也『隻眼開隻眼閉』，反正值不了多少錢，頂多叮嚀一句：『少吃點』。」

街坊情誼當然不止於此：「有個經常來幫襯的婆婆，有次走出屋外倒垃圾，豈料大風一吹把大門關上，鎖匙卻留在屋內，婆婆唯有赤着腳走來舖頭，問我借些零錢，然後再赤腳乘車到兒子家中借鎖匙，好不狼狽！」曾太清楚記得，當天正是年三十晚。

接棒

兒子曾慶佳加入訪談，道：「有時公公婆婆路過，見他腳步浮浮，面色發青，急忙拿汽水、糖果給他們穩定血糖，再擔張凳仔讓他們休息片刻，很快又龍精虎猛。」在瀝源邨內就讀幼稚園和小學的曾慶佳，最開心的童年回憶便是曾太叫他送飯給叔公。原來在邨內巴士總站旁邊，有間由曾太其中一位叔父所經營的「小小商店」，

11/ 今天豐昌辦館已交到第三代的曾慶佳接棒。

12/ 曾慶佳努力搜刮而來的「懷舊零食」，如太空糖和眼鏡朱古力，雖然未必是現今小學生們的至愛，卻經常吸引大朋友來打卡。

13/ 豐昌辦館還有好些傳統食品售賣，包括炒米餅、糯米通，以至年糕等，是為長者們的零食。

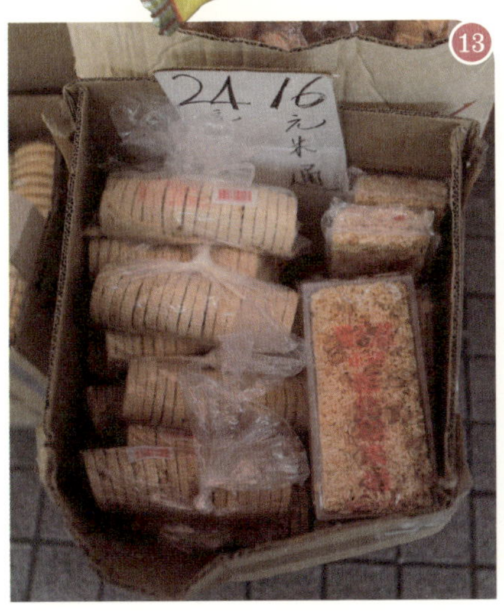

曾慶佳每次完成送飯任務，叔公就會獎勵他一瓶汽水，曾太亦會獎勵他一串香腸，有飲有食。

外公在 2014 年退休，曾太和丈夫決定接手經營豐昌辦館，原本任職室內設計的曾慶佳也回巢幫手，首個任務是增添貨物品種。「近年多售國產包裝零食。其實小朋友的零食沒有所謂潮流，視乎商家提供甚麼貨品，便帶領小朋友吃甚麼零食。」對曾太父親和叔父來說，沙田新市鎮是實踐尋金夢的「新世界」；對女承父業的曾太來說，瀝源邨是讓她安家樂業的「安樂窩」；而對曾慶佳來說，豐昌辦館是穩打穩紮經營小生意的一葉「扁舟」。

戰後，大批內地同胞南下，香港人口急增，政府迫切改善市區人口擁擠的問題。政府着手在觀塘發展「衛星城市[1]」，可惜住宅與工業混合的模式，並未切合香港高密度的需要。於是，在 1970 年代，政府於新界的荃灣、沙田和屯門，以「自給自足」為目標發展新市鎮，藉此減少對舊社區在房屋、就業、教育、康樂及其他社區設施方面的依賴。

沙田本為鄉郊之地，農田廣闊，並有漁船在沙田海作業。1956 年，沙田舊墟落成，共有 125 座 3 層高的住宅樓宇；1963 年，沙田畫舫停泊在舊墟對出沙田海，成為沙田著名景點；同年，中文大學落成，附近的雍雅山房啟業，沙田成為年青男女到農村寫生、踩單車和到海邊划艇的假日好去處；至 1967 年，獅子山隧道通車，去沙田食雞粥、山水豆腐花和紅燒乳鴿，成為了新興節目。

1973 年，政府開展沙田新市鎮計劃，於沙田警署毗鄰大規模填海，興建沙田第一和第二個大型公共屋邨——瀝源邨和禾輋邨，分別於 1975 和 1977 年陸續入伙。

1 衛星城市：從英國引入城市發展的概念，指圍繞大城市邊緣的小型城市，為在大城市工作的人士提供居所。

② 南昌辦館

南昌辦館

石硤尾南山邨南樂樓地下11號

街坊又再送來盆栽，胡太面有難色：「點解唔要呀？盆花咁靚！」

街坊：「我屋企仲有好多，照顧唔到。」

結果胡太還是決定收留了，並將盆栽放到舖頭對面的「秘密花園」。

無心插柳

「這是我的秘密花園，有時做到頭昏腦脹，我便過來淋花，看看哪盆長出了新葉、哪盆的花蕾開了沒有，轉頭再去『衝』過。」胡太口中的「秘密花園」，其實是南昌辦館門外的大廈躉柱。鐵絲網圍繞着躉柱，上面懸掛着大大小小的盆栽，為這片小天地增添了生氣。

南昌辦館由胡太的伯娘所創，選址純粹出於商業考慮。南山邨的前身為九龍仔木屋區，1952 年九龍仔木屋區遭大火焚毀，政府興建光民村平房區。其後政府清拆平房區，原址先後改建成大坑西邨和南山邨。1977 年南山邨落成入伙，南昌辦館也就開始在現址經營，後來伯娘年事漸高，加上經營困難，遂交本身從事食品批發的胡太接手。

1/ 胡太用心打造的「秘密花園」。

2/ 南昌辦館的後門，本直通商場，但基於防盜和人手問題，已用鐵架欄住；然而那洋酒陳列櫃仍是非常吸睛。

今天店內陳設仍保留原來的七成面貌，當中包括已退役的「**維他奶水櫃**」。水櫃年前仍可使用，但因要經常換水，且要定時更換零件，為減省麻煩，凍飲索性全部移放至普通冰櫃內，這水櫃就成了一張……「辦公枱」？南昌辦館雖名「辦館」，但在胡太接手後，只保留零售業務。「現在有互聯網和網購，市場資訊流通，營商環境大不同。」這句話正正詮釋了辦館近年的演變及處境——他們的競爭對手已不只是連鎖超市或便利店，還有更便捷的網購平台。

江湖地位

南昌辦館，原本設有前後兩個門口，前門接連大坑東道，後門通往南昌商場。不過，基於防盜和人手問題，後門已用鐵架擋住，鐵架早前還掛上數張年代感久遠的可口可樂廣告；至於店內牆身一邊，放了幾個高身酒櫃，陳列各式唐酒、洋酒和酒辦，還有代理商贈送的酒杯、開瓶器和鎖匙扣等紀念品；在酒堆中赫然發現有輛印上「可口可樂」商標的貨車模型，車上陳列了可樂公司旗下四大品

3/ 3 年前可口可樂公司把瓶裝汽水換新裝時，致送給分銷商的紀念品——貨車模型。

4/ 這舊式汽水「濕櫃」的冷卻速度很快，但每隔幾日便要換水，以保持清潔；如今已是半退役狀態。

牌的汽水，原來這是 3 年前玻璃樽裝可口可樂換新裝的時候，由可樂公司送贈給業績亮麗的零售商。

突顯南昌辦館江湖地位的，還有店內陳列的洋酒貨品，同一品牌由 700 毫升、1 公升、1.5 公升、3 公升、4 公升和鐵架裝等不同規格的系列全套完整展示，胡太說：「能夠儲齊整個系列，反映了店家的江湖地位和能力！特別是大樽裝和紀念版的特別包裝，需向代理商直接取貨，分銷商是沒有的；加上數量有限，必需要與代理商關係良好，才能夠成功入手。」此刻胡太少了嬌氣，反添幾分英氣。

老字號做生意講誠信，童叟無欺，南昌辦館所有酒品均購自品牌代理商，這在愛酒人士之間早已街知巷聞。胡太記得曾有一位年青人在網上搜尋到南昌辦館，然後來到要求買一支富年代的名釀送給父親做生日禮物，胡太問他：「富年代是指酒的出產年份？品牌？抑或包裝？」他一時答不上，只說：「我想找一支坊間比較難買到的名釀。」最後，胡太推薦已停產的「雪裏玉」干邑，既是名釀，並已停產多年，每賣一支，便少一支，成功滿足青年的願望。

5/ 這個酒架顯出南昌辦館在處理洋酒時的用心和專業。

6/ 南昌辦館是不少劉伶的尋寶地，還有不少有心人專程來買舊酒送給長輩。

7/ 以前代理商會以贈送酒辦來作市場推廣，這些珍貴的酒辦現在是收藏家的至寶。

6
REMY MARTIN
XO

7
CAMUS
KWEICHOW MOUTAI
KWEICHOW MOUTAI
COURVOISIER
XO

現在洋酒部已交兒子 Joe 負責，Joe 說：「經常都有人來問價，不過我會揀客人，如果是專營二手買賣的，我一律不賣。客人究竟能否買到心頭好，便要講緣份了！」

依依・故人

某個辦館快將打烊的晚上，店內只餘微弱燈光，胡太和兒子正準備商量公事，一個十七、八歲的青年匆匆而至。原來他自小與嫲嫲住在南山邨，相依為命，數年前他隨家人移居海外，與嫲嫲分隔兩地；最近收到嫲嫲病重的消息，隨即返港，唯留港時間不長，青年心情忐忑，不知不覺來到南昌辦館，憶起兒時嫲嫲湊他返幼稚園的生活點滴，便停下腳步舉起手機拍照。青年後來寄來當晚所攝的照片，胡太如獲至寶。

8

9

10

11

8/ 內藏閃燈的戒指糖。

9/「食玩」絕不是現代的專利。

10/ 汽水糖可會成為連繫老少的歡樂回憶。

11/ 牛奶妹、牛奶仔朱古力棒棒糖。

12/ 除了南昌辦館，胡太還經營毗鄰的銀禧雪糕屋；胡太揮雪糕絕不吝嗇，每一匙都是用力壓實，雪糕球相當實淨和抵吃！

近年南山邨不少老街坊也移居海外。「唔該，一支綠茶！」一位來購物的中年男士喊道。胡太表示這位男士每天都來買一支綠茶，然後走到對面巴士站坐上半天，原來他也是舊街坊，幾年前移居澳洲，最近回港度假。

胡太視守護街坊這份情懷為己任，她刻意在店內打造懷古裝潢，例如用晾衫架吊起一包包薯片，又四處打探那些代理商仍然有售滿載街坊童年回憶的懷舊零食。胡太說：「不時都有中年人士來南昌辦館尋找兒時味道。童年時父母未必能夠供給零食；長大後自己有經濟能力便來買個回憶。」只見雪糕櫃內的阿波羅復刻巨星三色雪條、鋪上朱古力花生脆皮的「大腳板」、俗稱「孖條」的啜啜冰，都讓很多大朋友（包括筆者）如獲至寶。提起雪糕，其實現時胡太在相鄰舖頭同時經營「銀禧雪糕屋」，惟雪糕屋不在本文範疇內，今只略為點題。

Déesse

Bonaqua
銀禧雪糕屋
Mint Chocolate Chips
Coffee
豆腐 Tofu
椰子 Coconut
綠茶 Green Tea
紅豆 Red bean
芝麻 Sesame
芒果 Mango
士多啤梨 Strawberry
雲呢拿 Vanilla
Cookies 'n Cream
Lychee
藍莓 blueberry
芝士 Cheese
Peach
益力多 Yakult

至於作為辦館「太子仔」的阿 Joe，是否就此順理成章成為「零食富二代」？「如果一定要我揀一樣至愛零食或飲品，我會說是可樂。因為舖頭每日賣最多。小時候遇上我扭計，家人總是隨手給我一支可樂。雪糕我就甚少食，因為雪糕屬貴價貨，罕會自用。」不過，阿 Joe 長大後，便自動戒了可樂。

三點三的告解

每日三時許，胡太便開始接待放學來鬆一鬆的學生，忙得不可開交。除了忙於做生意，還忙着聽學生「告解」。有位女學生訴說：「母親發現我拍拖，計劃送我到外國升學。」胡太安慰她，先做好當下：「只要你讀好書，不影響學業，你的父母也就懶得花一大筆學費倉卒送你到外國。」

13/ 各款雲貴風味的香辣零食，近年長據零食的銷量榜首。

14/ 每天放學來辦館士多選購零食，和胡太搭訕幾句，暫時忘卻功課壓力。

15/ 來賣零食的，還有欲得孫仔孫女歡心的長輩。

後來，這位女學生每日到店向胡太匯報學業。直至中六畢業，她又來訴苦：「今次父母真的要送我到外國。」這次胡太不再勸她，教她將目光放遠：「你父母並非要拆散你的豆芽夢，而是希望能夠讓你得到更好的學習環境。」

家長也來「告解」。有家長投訴兒子抽煙，胡太找機會與男孩單獨談話：「為甚麼要抽煙？其實你都知道吸煙對身體不好，如果你戒煙的話，我請你免費飲一年汽水。」那男生日復日說：「這是我最後一根香煙。」可惜承諾始終未曾兌現。

胡太笑說：「阿 Joe 經常笑我，你不如轉行做社工！中國人有所謂『易子而教[2]』的概念，我也希望在阿 Joe 小時候，有人可以代替我向他循循善誘！」胡太每天「教化」莘莘學子，讓南昌辦館化作同學們可以盡訴心中情的「秘密花園」，同時成為一間有溫度的辦館，發放餘溫。

16

2 易子而教：出自《孟子· 離婁上》，主張父母應將孩子交由別人教導知識，以避免破壞雙方的關係。

16/ 老牌辦館士多門外，總有幾部手動遊戲機守門口。那彈乒乓球機，相信每位讀者童年時都定必玩過。

17/ 貓店長 Oil 剛獲救時，被機油黏滿一身皮毛，幸得阿 Joe 替其細心護理，重獲健康。

同場加映

Oil 是阿 Joe 在南昌辦館飼養的貓店長，「有日朋友帶牠到來，全身沾滿機油，我知道如果不收留牠，牠就會被送去愛護動物協會！」收留後，阿 Joe 不斷用麵粉替牠洗澡，以洗走牠身上的機油，恰巧小貓毛色棕黑，難以分辨是油漬還是色斑，為紀念這場苦役，便為貓店長取名 Oil！說着、聽着，怎麼又是收留他人之物？果真是血濃於水，只不過一個種花，另一個弄貓罷了！

最早有關香港酒類進出口的官方記錄，是由香港政府編撰的《藍皮書》(1845 年)，列明進口酒類的頭三位分別是啤酒、葡萄酒和拔蘭地；當時一支拔蘭地的零售價格，相等於一個家庭傭工整個月的工資！最初，洋酒的銷售地點集中在皇后大道中、域多利皇后街和中環街市一帶的辦館；早年辦館之中以南興隆規模最大，酒倉庫存為全港之冠。由於洋酒貨價偏高，加上辦館接受記帳，早年的帳期也較長，故此只有實力雄厚的辦館才能夠經營洋酒買賣；不過因為利錢高，吸引部分辦館專營洋酒生意，影響至今。

戰後，洋酒逐漸被華人社會所接受，成為了高級消費品。每逢中秋和農曆新年等送禮佳節，洋行的市場部都攪盡腦汁，推出禮盒裝、贈送禮品或舉行大抽獎，務求銷量突圍而出。

1981 年，歌手葉麗儀在「特醇軒尼詩」廣告裏又唱又跳，當中歌詞「見你衣着顯風度，意氣風發豪情高，便知你大有來頭，Hey Big Spender!」正好反映洋酒在當時屬於高級消費檔次，並且成為筵席間或送禮時顯示氣派的象徵。有別於外國人視拔蘭地為珍貴收藏，每次品嘗只會細嗒慢嚥，華人飲酒習慣「倒晒落肚先至醒」、「大啖呷係恭敬」、「杯莫停」[3]，如此杯杯飲勝的豪氣不但帶動洋酒的銷量，讓香港在 1980 年代更成為全球最大的拔蘭地市場，形成有趣的中西文化差異。

值得一提是，一般市民誤以為辦館與士多的分野，在於前者賣酒，後者不賣，但現在兩類店舖均有出售。

3　摘自黃霑填詞、鄭少秋主唱的流行曲〈飲勝〉。

街坊情誼

③ 聯昌辦館

聯昌辦館

柴灣漁灣邨漁豐樓10號舖

聯昌採用傳統辦館格局，門口擺設零食；兩邊牆身分別放置汽水飲料及中式酒品；中間一列層架則擺放餅乾、麵食和雜貨等；最入面是洋酒部，用玻璃展櫃鎖上高價烈酒。玻璃展櫃前豎立了高及半身的紙板，儼如一個紙屏風般，把坐在玻璃展櫃後的店員遮擋得嚴嚴密密……

第二代傳人

到訪聯昌辦館前，筆者只知道聯昌辦館於 1980 年代在柴灣漁灣邨開業，現在已傳至第二代的兩位蔡小姐手上。

到達，只見一位身形纖瘦的女士正在看舖，筆者上前表明來意，換來冷淡回應：「如果只是拍照，還可以。不過，我不接受訪問。」筆者吃慣閉門羹，經驗告訴自己，只要一絲希望尚存都不要放棄，於是相約數日後再次登門造訪。臨行，筆者問：「可以留貴姓嗎？平日都是由你負責看舖嗎？」女士答：「姓蔡，還有我妹妹。」望向後方的洋酒部，隱約見到玻璃展櫃後方有個人影。

數日後，再次來訪，仍然是那位蔡小姐在看舖，後來我知道她叫 June。我問：「妹妹呢？」順道望向洋酒部，可是玻璃展櫃前的紙屏風太高，遮擋了我的視線。June 答我說：「妹妹外出購物未返。這個紙板陣是我們在疫情期間設置的，方便我們坐在玻璃展櫃吃飯，防止飛沫散播細菌。」

1/ 接過母親的棒子，June 主理聯昌辦館也有一段日子了。

童年陰影

此時，兩個小學生來買辣條。筆者借題發揮，說：「近年都是賣內地麻辣風味零食居多。」

今次總算打開話匣子，June 答：「係呀！沒有人會來屋邨辦館買日本零食的。」

筆者續問：「家長會否不喜歡小朋友吃辣？」June 失笑：「家長吃得更多！一代人有一代人的喜好，正如我們這一代是吃日本零食長大的。」

筆者：「小時候是否放學便來辦館幫手？」

June 說：「最憎！」

2/ 自從母親健康走下坡，Rachel 便回巢，與姐姐 June 一起協助照顧母親和打點辦館生意。

3/ 一番尋索，在附近 VTC 就讀的年青人終於找到了「傳説中的」孖條雪條。

啖啖舒暢
透心涼
Sprite
放工
飲放工啤!
Strive for Excellence

筆者：「可以請同學食零食，不會很有優越感嗎？」

June 堅決否應：「不會！自己都沒份吃，為甚麼要請人食！許多時候傳媒都一廂情願，例如賒數，一面倒將它描寫成人情味故事，但從經營者來說，賒數反是一連串麻煩事和是非人情。」

不知不覺，妹妹 Rachel 拿着幫姐姐買的珍珠奶茶回到辦館。「小時候，阿爸很嚴，說一便一，不能有二；反而阿媽就好『脍善』。唯一一次例外，小時候的我喜歡留長頭髮，自覺很飄逸、很漂亮，豈料阿媽最討厭別人披頭散髮，二話不說便拿起鉸剪，手起剪落，剪走了我一把長髮！最後要出動父親來哄我，『來吧、來吧，我請你吃零食。』其餘日子想吃零食？想得美！」Rachel 憶述。

4/ 一哄而至，各自購得心頭好的學生哥。

過日子

第一代東主蔡爸爸和蔡媽媽，早在漁灣邨創辦聯昌辦館之前，已在西環經營另一同屬辦館模式的店號，可惜日子久遠，兩位蔡小姐已經印象模糊，只記得在洋酒部那個玻璃展櫃是她們幾姊弟的功課枱，直至羽翼漸豐，或投身社會、或結婚生子，各自各精彩。漁灣邨於 1977 及 1978 年分兩期入伙，合共 4 棟樓宇，其中 3 棟都是樓高 7 層而已，算不上人口很多，所以蔡生蔡太從西環那邊來到另一端的柴灣，說是尋找商機，不如說可能因為子女先後出生，所以需要改變生活環境；而他們最有把握的謀生方法，當然就是做回老本行 —— 營運辦館了。

5/ 聯昌辦館的金漆招牌不知不覺已有差不多半世紀的歷史。

人生匆匆幾十年，怎料不過轉眼間。父親早逝，母親一個人守着聯昌辦館這個老巢，日復一日在幾姊弟眼前變老，體力也不如前。兩姊妹開始商量由誰回巢協助打點辦館生意，最後決定由June負責早班，而Rachel就留下守尾門，以為塵埃落定，豈料旋即遇上母親罹患腦退化症的噩耗。

較健談的Rachel說：「我記得那是阿女就讀中六那年，也是我最後一次作遠途旅行，因為知道回來後便要開始照顧患病的媽媽。其實不過是幾年時間，我們每日湊阿媽返舖頭，阿媽回到這裏就行行企企、摸東摸西，無所事事便扭開飲品瓶蓋檢查一下，一次有客人來問我們：『支檸檬茶點解開過？』我們唯有換支新的給客人，自己當笑話笑笑便算。阿媽大半生都在辦館過日子，這就是她的生活日常，不可能要她改，她亦已經沒能力改變……」Rachel語調輕鬆，可是眼眶卻漸漸紅了起來。

讓June和Rachel稍感安慰是，母親人生的最後一程，僅僅避過了2021年12月下旬爆發的第五波新冠疫情，總算能夠為母親舉行一場安詳而莊嚴的葬禮，讓眾親人送她最後一程，免受疫情高峰期公眾殮房不勝負荷的亂象影響。

母親離開後，June和Rachel正式接手經營聯昌辦館；雖然是女流之輩，同樣要搬搬抬抬，June笑說：「要出糧，自然就會習慣！」多年來，兩姊妹已是合作無間。

6
Tomato

7

8
14元

9
POPPING CANDY
LEMON TEA
BLUEBERRY

6/ 氣勢澎湃的零食山。

7/ 零食餅仔的捧場客並不限於幼嬰。

8/ 零食一樣講究相機先食，七彩繽紛的包裝是基本。

9/ 刺激的爆炸糖。

2023 年 9 月 7 日，天文台在晚上 9:25 發出黃色暴雨警告信號，及至 9:50 改發「紅雨」，最後在 11:05 改發「黑雨」；柴灣、黃竹坑、黃大仙、沙頭角等多區嚴重水浸，香港政府更以「五百年一遇」來形容這場豪雨。當晚，June 和 Rachel 因天雨關係提早落閘收舖；11 時許，Rachel 心血來潮在家中查看辦館的閉路電視，發現鏡頭漆黑一片，心感不妙：「兩個可能，一是停電，一是被爆竊。」

當時 Rachel 尚未知道天文台已經改發黑雨信號，下一刻便接獲家住柴灣區的朋友來電：「喂！大水浸呀！趕快返舖頭啦！」住得較近的 Rachel 立即趕到漁灣邨，只見混和了泥沙垃圾的穢水已浸過小腿；她匆匆開鎖進入店內，再第一時間衝去打開後門鐵閘，可幸後門對開位置便是坑渠，且幸運地坑渠沒被堵塞，瞬間洩洪成功，聯昌辦館才倖免於難！

片刻，June 和居住柴灣附近一帶的朋友相繼趕至，提醒 Rachel 不要只顧着「撢水」，而是要執拾發泡膠箱，注水入箱自製水馬（充水式護欄），再將發泡膠箱一字型排開，放在舖頭門前抵禦洪水。豪雨徹夜未停，直至次日清晨，方稍為平靜。

Rachel 說：「其實當我入到舖頭，洪水已經浸過汽水櫃和濕櫃的柱腳，只要再浸高一兩吋便會掩蓋摩打和電掣，整列汽水櫃和濕櫃勢必一併報銷，貨物亦會損失慘重！我和姐姐沒有能力重置器材，聯昌辦館可能要就此光榮結業。」

假若有日真的要告別聯昌辦館，會否懷念不捨？Rachel 斬釘截鐵答：「冇懷念！人生匆匆幾十年，我不想像母親般花掉大半生在辦館苦戰！阿爸阿媽的辦館生涯實在太辛苦了，他們又習慣甚麼都慳，但我覺得人生不應該只有工作。」

10/ 黑雨那晚，Rachel 趕返鋪頭，已見洪水浸至鋪外半個大型垃圾桶的高度。(圖片由受訪者提供)

11/ 如果那次水浸遲返鋪頭半步，汽水櫃和其他生財工具恐怕都會報銷，屆時聯昌辦館可能也會光榮結業。

這幾年間，June 和 Rachel 也試過休業數天，結伴去短途旅行，結果回來後被客人怪責為何不開鋪，連累他們白行一趟。Rachel 感慨說：「我們這一代就沒辦法了，因為都已習慣這個生活模式，就連客人也已經習慣，改變不了；但我不想我女兒過這樣的生活，我會寧願她有假放，有她的人生！」的確，上一代過苦日子，就是希望為下一代締造好生活。

唐酒

一般人心目中，辦館和士多的分別會是「辦館賣酒、士多不賣」，當中所指的主要是洋酒。日戰前後，飲用洋酒屬高級享受，申領售賣洋酒牌照、貨價和記帳殊不容易，故此一般辦館士多只供應唐酒。

市民日常主要飲用廣東蒸餾米酒，特別是勞動階層，認為米酒可以行氣活血，開工前到茶居一盅兩件，都會飲上幾両。辦館士多不設散賣，酒商便推出3両杯裝和5両小樽裝。還記得1977年「山西竹葉青酒」的經典廣告，工友在建築工地中宣佈：「今晚阿Sir請食飯！」最後外籍主管舉杯祝酒：「你精我都精，飲杯竹葉青。」這廣告其實很有意思，因為在1955年以前，港府工商署發牌予新開唐酒莊時，牌照上蓋有「只准賣中國酒予亞洲人」字樣，即唐酒在1955年以前是不能售予外國人的；所以廣告中外籍阿SIR這句「你精我都精」，就是代表洋人早已能品嘗唐酒了。當然，唐酒的主要客群從來都十分清晰。1983年珠江牌「豉味玉冰燒」的經典廣告唱道：「斬料，斬料，斬大舊叉燒！油雞鹵味樣樣都要，斬大舊叉燒。」受眾對象同樣明顯面向建築界工友。

隨着工業安全意識抬頭，開工前先飲幾両的歲月已然告別，但絲毫不減工友的雅興；放工經過士多辦館，買3両杯裝和5両小樽裝晚飯淺酌，行氣活血，祈求憇睡至天明，次晨精神爽利開工！

OCB
RAW
OCB
17
22

④ 嘉南士多

嘉南士多

九龍彩虹邨金華樓2號舖

1962 年，彩虹邨〔4〕落成入伙。

同年，嘉南士多正式開張。

嘉南士多現任店東劉基先生述說：「嘉南士多，是我在 1992 年接手的；之前由叔父經營，叔父來彩虹邨之前，在筲箕灣也經營另一間嘉南士多。」

結緣

彩虹邨甫落成，已經是光芒四射的「明日之星」，不但有「香港最美屋邨」的美譽，更因為融入包浩斯（Bauhaus）建築風格[5]元素，榮獲香港首個建築獎項——1965年香港建築師學會年度最高榮譽「銀牌獎」，備受萬千寵愛。

1970年代初，十二、三歲的劉基隨父母到彩虹邨跟叔父拜年，印象難忘。「70年代的彩虹邨好興旺，單是士多已經有4、5間，那時連鎖超市尚未崛起，更未有便利店，街坊購買飲食和生活所需，都是幫襯士多和雜貨舖。」當時嘉南士多的貨品種類繁多，除了一般的餅乾、涼果、雪糕和汽水，也兼營雜貨店供應的食米、即食麵、煉奶、醬料和廁紙。

1/ 不同年代的嘉南士多招牌，見證歲月的變化。

---

4 彩虹邨：當時為香港最大型的公共屋邨，打破傳統屋邨以L及T型大廈組合的定律，改以8幢20層高長型高座及3幢7層高相連式低座住宅大廈組成。11座樓宇的名字全部均與顏色有關；而邨內7條內街的名字同樣以彩虹七色為首，全邨互相呼應，從細節中貫徹彩虹的主題。

5 包浩斯（Bauhaus）建築風格：設計重於簡潔、經濟、實用和量產，切合二戰後社會面對人口增長和重振經濟的迫切需要。

生活安定，隨之而來的是人口興旺。一般家庭起碼都有 4、5 名子女，加起來彩虹邨便住了接近 4 萬居民。家家戶戶都習慣敞開大門，任由小孩到鄰居家中玩耍。孩童多，彩虹邨的學校也多，邨內有 3 間小學和兩間中學，每年招生均現人龍；還要分成上、下午校，每班收生 45 人。學生是士多的忠實顧客，每逢返學、放學，嘉南士多總是人頭湧湧。

昔日與嘉南士多毗鄰的是日來茶樓。日來茶樓每日清晨 6 時開門營業，嘉南士多則稍遲片刻，結果每天大清早士多門口已聚集了來買香煙和杯裝燒酒的人客，購得心頭好後便回到茶樓繼續品茗。由茶客掀起序幕，緊接而來是買早餐、飲料的上班族，然後輪到上午校放學的學生湧至，轉瞬便到下午校學生上學的人潮，隔不多久又輪到他們放學，整日人流不斷，如過江之鯽。

餅乾是最受學生歡迎的零食。嘉南士多內放着一個個大玻璃樽，售賣**散裝餅乾**，有動物餅、煙仔餅、水泡餅、椰子餅和檸檬夾心餅等。往時，劉先生不時過來探望叔父，他記得嘉南士多曾有專人負責餅乾部，每磅餅乾只售個零兩蚊，而每款餅乾都由人手逐塊砌上，在玻璃樽內排列整齊。除了餅乾部，汽水部也有專人負責。此外，店舖還有兩個收銀員，負責煮福食（即員工「伙食」）和洗熨的各一個，一間士多竟然能夠僱用多達 5、6 個夥計。

2/ 嘉南士多當然是附近學生的糧倉了。

3/ 過往可散裝出售餅乾，今天已經換成獨立包裝的餅乾。

1970 年代，冷氣機尚未普及。劉先生說：「街坊喜歡買啤酒、汽水來消暑，士多會幫手送上樓；如果街坊放假，最佳娛樂莫過於攻打四方城，以前士多有麻雀租借服務，一個電話便送上樓，士多夥計次日再上樓收回麻雀，租借一整個晚上都不過盛惠 3 元，經濟實惠。」

「煙仔。」來買香煙的顧客叫嚷，自然地，不用道明要甚麼牌子，片刻，已和客人完成交收。

「嘟。」八達通感應器響起，現代科技實在是小商店的好幫手。

4/ 街坊碰面，總會互相問候近況。

劉先生笑說：「邵逸夫[6]搵你。」

客人答：「四嫂約你打麻雀。」

這番對話莫名其妙，但當知道原委後，卻感覺說不出的親切。原來客人是劉先生的舊同事，在劉先生接手嘉南士多後，與這位家住彩虹邨的舊同事重遇，兩人每次碰面，彷彿回到朝夕共事的日子。劉先生解釋：「接手嘉南士多之前，我替邵逸夫的公司打工，負責打理戲院，剛才那位是我的舊同事。」的確，在邵氏影城和無綫電視城還在清水灣的時候，員工接駁車站便設於坪石邨，與彩虹邨不過一街之隔。

1992 年，叔父舉家移居美國，找來姪兒商量頂讓舖頭。當時劉先生家住順天邨，偶爾會到彩虹邨探朋友，彼時的彩虹邨已非起初光彩照人的青春少艾，仍不失為風韻猶存的美嬌媚；邨內 5 間學校和兩間茶樓依然人氣鼎盛，人流是支撐小商戶生意命脈的中流砥柱，經過

6 邵逸夫爵士（1907-2014）：著名電影及電視製作人、慈善家。1957 年移居香港後，成立邵氏兄弟（香港）有限公司，拍攝逾千部華語電影，並為電視廣播有限公司創辦人之一。

一輪觀察，劉先生決定接手經營嘉南士多。

「兩包煙仔。」白髮蒼蒼的老街坊來買煙。

「你在彩虹邨住了多久？」劉先生問。

「60 幾年，我是錦雲樓最後一期入伙的。入伙時，我才 10 多歲，現在已經 70 有多。」老街坊答。

「那個年代，你着喇叭褲，用髮蠟將頭髮梳到貼貼服服，好靚仔。」劉先生逗他說。

5/ 劉基年少時第一次到訪彩虹邨，已對邨內的繁華景象景印象深刻，料不到日後更結下不解之緣。

6/ 每日和來買東西的老街坊搭訕，是生活，也是樂趣。

7/ 相隔幾個舖位就是便利店，但很多街坊還是會到嘉南士多幫襯。

7
ELEVEN

8

9
10:46
lau ki
雪

10

11

8/ 專程來嘉南士多打卡的內地遊客。

9/ 張敬軒曾來彩虹邨拍攝外景，劉基夫妻與他合照。

10/ 不少孩子自小已來嘉南士多幫襯，圖中這位小朋友不知是第二代還是第三代顧客？

11/ 每天來幫襯的街坊，既是熟客，也是朋友。

老街坊被劉先生逗得笑逐顏開，說：「那時我被女仔追到無氣唞，全部都是被我的髮型所吸引。」

每日說着、笑着，平淡中有一點甜，為劉先生日復日留守嘉南士多的生活，添上小確幸。眼見少年人長大後結婚生子，大手牽小手，回到昔日放學的零食基地；轉眼卻白髮蒼蒼，成了子女眼中的孩童，在子女攙扶下重遊舊地，生生不息。

要數印象深刻的一次，劉先生說：「有日，朝早 10 時許，我出舖頭理貨，見到路上有疊銀紙，點算後發現有 1400 元。相隔片刻，有個街坊從茶樓步出，大概是結帳時發現跌了錢，慌失失四圍望，問我有沒有在街上執到錢？我問他跌了多少錢？他答 1400 元，我便將錢還他，他歡天喜地的離去。後來知道，那些錢是他老婆給他交租用的。」

劉先生的歡樂記憶，還有日來茶樓的明星茶客——仍是打金學徒的彩虹邨街坊鄭則仕、到來買煙仔的羅家良，還有被日來茶樓燒肉吸

引的洪金寶。日來茶樓的燒肉皮脆肉香，美味絕倫，吸引許多明星藝人如黎姿、蕭芳芳和樓南光等在清水灣片廠收工後，專程駕車到彩虹邨用膳，順道到嘉南士多補充話梅糖、薑糖、九製陳皮、蝦子花生和齋燒鵝等涼果零食。可惜，日來茶樓在 1997 年已經結業。

此時，打從訪問開始已經坐在店內的女士，起身走到汽水櫃，取了一瓶能量飲品，付過款便離去。

筆者驚訝地問：「她是客人？」

劉先生答：「對，是客人。」

筆者問：「我來到見她坐在店內，還以為是你家人。」

劉先生笑說：「是有點奇怪。她開夜間的士，朝早收工便徑自入

來士多坐，或許是疲倦的關係，待她坐夠了，買點飲品，便上樓睡覺。」

此時，又一個來到買煙的街坊，這次是位年輕男子。

劉先生問：「八達通？」

街坊答：「無呀！唔記得帶銀包。明天過來補繳。」說罷，便匆匆離去。

劉先生表示在接手士多初期，不設賒數，因為初來甫到，位位客人都陌生面口；直至待上好一段時間，街坊朝碰口晚見面，熟絡起來才有信心賒數。

12/ 齋燒鵝、蝦子花生、魷魚絲和牛肉乾等零食，至今仍然極受歡迎。

13/ 近年嘉南士多引進不少內地玩具出售。圖為極受小孩歡迎的泡泡棒。

14/ 知名內地卡通人物喜羊羊的小玩具。

15/ 圖中玩具造型正是近年備受追捧的奶龍。

17/ 劉基說：「隨着彩虹邨清拆，他也做好退休的準備。」

體型微胖的女士，甫入來便沒頭沒腦地問：「你個大孫女是否在九龍塘上學？」劉先生答：「不是。」女士再問：「我剛才好像見到她。」來不及回答，劉先生便咳嗽起來。

「你吃龜苓膏嗎？」女士問劉先生。

劉先生答：「吃。」

女士從膠袋隨手取出兩盒龜苓膏，說：「給兩盒你。」

劉先生感謝說：「龜苓膏止咳，啱晒！」又對我說：「看！街坊待我多好！」

彩虹邨清拆重建[7]在即，嘉南士多所在的金華樓安排於最後一期清拆，它將會伴隨彩虹邨走過最後的日子。日子天天過，天天過日子，無論是晴或雨。

7 彩虹邨清拆重建計劃：預計由 2028 年起分三期進行，共歷時 20 年；金華樓、綠晶樓，以及「打卡位」停車場等，屬第三期清拆範圍。

17

小時候，筆者於士多買了樽裝汽水（或維他奶），喝光後便會將玻璃樽歸還士多，然後就可取回幾毛錢，是為「按樽」。現時，部分士多辦館以至便利店仍維持「按樽」制度；顧客在購買汽水、牛奶等玻璃樽飲品時，須額外支付港幣兩元作為押金（通常已包括在售價中），當飲品消耗完畢並清潔瓶身後，便可到所售店舖退還瓶子並取回按金。而店舖在簡單清潔和退還瓶子給飲品廠的時候，飲品廠便會按收到的瓶子數量，退錢給零售商。

2008 年 7 月，《產品環保責任條例》通過，鼓勵「污染者自付」和「環保責任」的理念，推行玻璃飲料容器生產者責任計劃，確保廢玻璃容器得到妥善收集及處理，轉廢為材，並紓緩堆填區的壓力。因此，飲品廠積極響應按樽機制，將回收玻璃瓶經高溫消毒後再重新注入飲料，循環利用。如消費者遺失瓶子，沒有向店舖退還瓶子，飲品廠雖然不用退回按金給零售店舖，卻要向政府繳付罰款。

「按樽」制度早在 19 世紀隨玻璃瓶飲料（如啤酒和汽水）誕生而出現，旨在減少玻璃瓶的流失並降低生產成本。早期的酒吧與商戶皆視飲品容器為可重複使用的資源，消費者購買飲品後，通常會歸還容器。而為確保瓶子能夠回收，生產商遂建立「按樽」制度。然而，近半個世紀，隨着即棄容器的興起，超市與大型零售商更傾向選擇低成本、便利的包裝形式，使得「按樽」機制逐漸式微。

相比於昔日孩子珍惜幾毛錢的按金，如今大部分人都選購即棄容器的飲料了；部分便利店亦已拒收空瓶，原因可能與增加營運成本有關；缺乏便利的回收點，也讓消費者失去回樽的動力。

經典零食圖集

大白兔糖

無論形狀、耐嚼、口感抑或包裝袋，相信大家不會對大白兔糖感到陌生了。這款每逢農曆新年全盒近乎必備的糖果，最初是由中國商人馮伯鏞在1940 年代仿效英國的牛奶糖及太妃糖，再混合粟粉、奶粉、蔗糖、煉乳等材料經人手製成，配方其後經過多番調整，除了歷久常新的原味，現在還衍生朱古力、酸奶、紅豆等多個版本。小小糖果卻內藏大量故事，好像流傳將 7 粒糖加熱水就能沖成牛奶等；時至今天，更是不同界別的聯乘對象：雪糕甜點、飾品，甚至護膚產品也見到這隻大白兔。

哨子糖

又稱口哨糖、BB 糖。糖果採用圓形中空設計，食用時以上下嘴唇夾着和向小孔吹氣，便能發出高頻響亮的哨子聲，既可食又可玩，自然受孩童們歡迎。

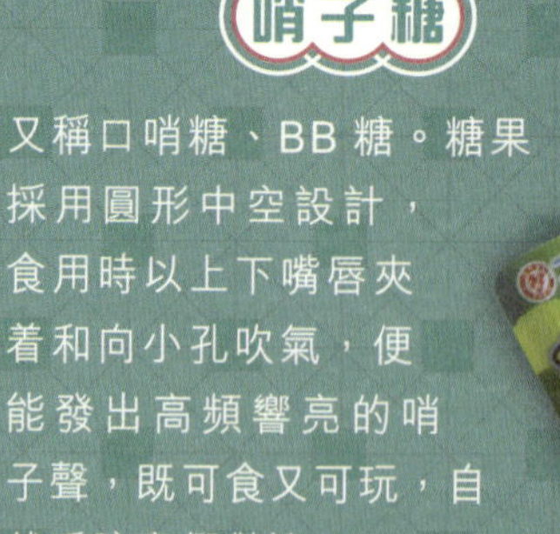

明治欣欣杯

1970 年代於日本出產、80 年代引入香港的明治欣欣杯，採用當時十分新奇的食法：包裝杯以不同間隔分別盛載棒狀餅乾和朱古力醬，再把餅乾蘸醬來吃，多少自己控制。根據經驗每次吃完餅乾，還會剩下不少朱古力醬，大家又會怎樣處置？

箭牌香口

來自美國、令口
(Wrigley's) 香口膠，
薄荷味「綠箭」、味道
以及水果口味「黃箭
在荔園的掟階磚遊戲
膠，也是另一集體回
低糖的同類產品面世
從前般受歡迎了。

山楂餅

1960-70 年代的零食主要是「鹹濕嘢」涼果類，例如嘉應子、話梅、金梅片、陳皮等。利用山楂果實經加工製成的山楂餅，具有生津解渴、開胃消滯的功效，而且由於味道酸酸甜甜，故在服用中藥或苦茶時作解苦之用。

花占餅

稱。有云源自英國餅乾品牌
lmers 在 1850 年代生產的 Iced
，最初只有餅乾部分，直至 1910
面加上鮮艷顏色的圓錐狀或星型甜糖，再流傳至香
。吃過的朋友，習慣先餅後糖、先糖後餅、抑或淨糖棄餅？

佳寶牌九製陳皮

具開胃醒神、順氣解渴、化痰止咳等功效的九製陳皮，相信大家吃不少，也對佳寶牌那經典的藍色包裝袋印象深刻，但何謂「九製」？其實指陳皮經過揀皮、浸漂、保鮮、切皮、醃製、瀝乾、調味、反覆曬製和包裝儲存等多個工序而成，故得其名。

媽咪麵

的太平洋食品有限公司老闆從橡膠工
熱的即食麵取得靈感，並主打
是發明了「毋須烹
入調味粉」的簡
(Mamee)」之
現的情感連繫。
園食品有限公司於
外話，有沒有讀者與
外國兒童節目《芝麻
ster 與媽咪麵包裝上的

珍寶珠

原名 Chupa Chups 的珍寶珠是由西班牙人 Enric Bernat 於 1958 年發明生產，原意透過將糖果變成球狀和能夠一口放進口裏的尺寸，後來插入一根小捧子，再用糖紙包裹着，希望減少孩童哽噎的危險或售賣員雙手直接接觸糖果的機會。1970 年代為了令將珍寶珠推廣至全世界，官方更邀請著名超現實主義畫家達利 (Salvador Dali) 設計了雛菊型商標並一直沿用至今，成為零食界重要的文化符號。截至 2017 年，全球珍寶珠的口味超過 100 種，更衍生加大和迷你版本。

戒指糖

與眼鏡朱古力同屬玩得兼食得的零食，戒指設計方便小孩將圓環穿在手指然後啜食鑽石造型的糖果，但缺點是糖果融掉令手指黐淋淋。時至今天，戒指糖不但衍生不同口味和形狀，有些款式更內置閃燈功能。

唇膏糖

與戒指糖同屬吸引女孩的零食，將糖果塑造成唇膏般，初嘗大人化妝的滋味。相比戒指糖，附設的蓋子可以把未吃完的糖果好好收納，不怕弄壞雙手或其他地方。

製作爆炸糖時，將微細的高壓
層，當氣泡接觸到口中唾液時
感與滋滋聲響！在互聯網還未
和喝可樂會導致胃部爆炸身亡，

漢堡包糖

味道與其他橡皮糖沒有太大分別，但可以原個直接咬下，或像真實的漢堡包分層慢慢品嘗。相同概念的還有 Pizza 糖，把不同顏色的橡皮糖混合成餅底和配料。

得力素糖

對於經常血糖過低的朋友，
得力素糖是袋中長期必備
為葡萄糖能夠迅速被血液
達到提高血糖濃度、補充
緩頭暈的功效。

二寶果汁糖

原產地屬於德國的二寶（nimm2）果汁糖，號稱每粒糖果包含 9 種維他命，成功打破家長們的防線。內有隨機排列的香橙和檸檬兩款口味，口感也比其他糖果豐富，咬開外殼會流出果汁流心。

眼鏡朱古力

重點不在於內裏的朱古力糖，而是那「8」字型設計的錫紙包裝，兩邊穿孔加橡筋就變成眼鏡 / 面具了！近年因為電影《九龍城寨之圍城》賣座而再度成為搶手貨，甚至有店舖表示出現缺貨情況。另外，同類朱古力糖也有圓形包裝設計。

達輝薄荷朱古力豆

喜歡薄荷口味的朋友，相信對達輝薄荷朱古力豆不會陌生。牛奶朱古力以薄荷味糖衣包覆，並在內層加入類似米通的餡料，令口感更加豐富。由於價錢便宜而朱古力豆數量多，是其中一個抵食之選。

時興隆金龜嘜魷魚絲

小朋友總是愛香口食物，包括味道香濃、有「嚡頭」的金龜嘜魷魚絲，一吃總是停不住口。想再吃得刁鑽講究，還可將魷魚絲放入微波爐或炒鑊翻熱，令它變得更香！

沙嗲魚串

沙嗲魚串也是零食之中飽肚之選，一包 20 串可以和同學朋友分享。打開包裝袋已聞到濃烈香味，入口甜中帶點微辣相當醒神，令人無法忍口，吃完一串又一串。

唧唧冰

唧唧冰絕對是夏日消暑之選！價錢廉宜之餘，又有極多口味選擇，而且可以一分為二與另一位朋友分享。多年來，唧唧冰也演變出不同食法，有人喜歡傳統等到冰塊半融時把果汁啜入口，也有人習慣大口大口將冰咬碎。

滄海桑田

① 李坤記

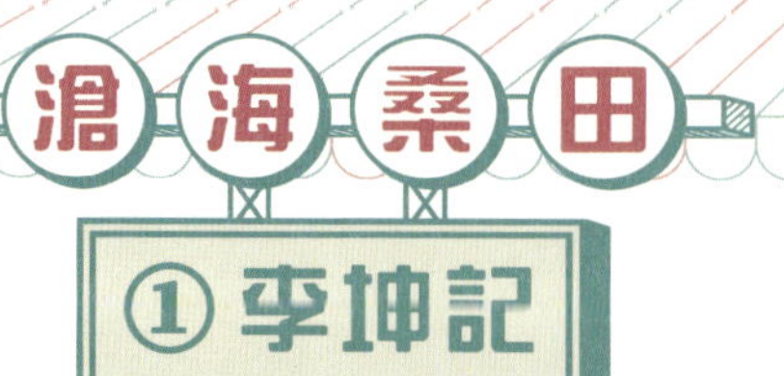

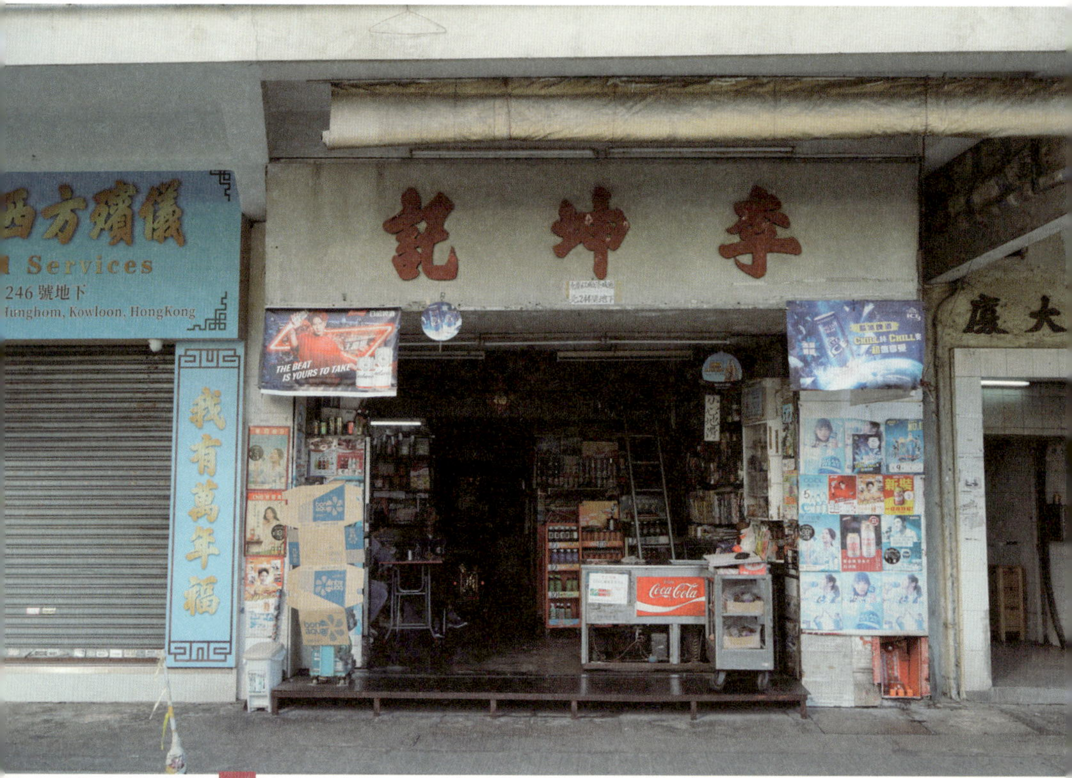

李坤記

紅磡漆咸道北244號

第一次造訪李坤記，筆者在寶其利街、老龍坑街、曲街、馬來街之間兜兜轉轉，街上行人疏落，盡是長生店、石廠和殯儀服務公司，哪有半間士多的影蹤？好不容易終於走出內街，找到座落在漆咸道北的李坤記。

店內，坐着一位乾瘦的老人，一動不動地眺望着車來攘往的漆咸道北。

「唔該，蒸餾水。」筆者說。

老人遞上蒸餾水，然後道：「5 元。」

找續時，筆者留意到收銀櫃上放了一個透明膠盒，盒內放滿汽水罐的易拉罐蓋掩，好奇問：「這是甚麼？」

老人答：「我準備捐的。記不清是哪間慈善機構，只記得之前也曾舉辦一次，只要有人儲到一萬個拉掩，慈善機構便捐出一部輪椅。」

老人的名字叫李繼祥，李坤是他的父親。早年李坤為避戰亂，南下來港；為了維持生計，當起小販，隨街擺賣水果，偶然又用山草藥熬涼茶，販賣茶水。只是隨街擺賣，經常會被警察驅趕，李坤遂於戰後重光的 1945 年入舖經營，創立李坤記，選址紅磡漆咸道 250 號。

時值戰後初期，百廢待興，多家辦館士多都在這時間開業，為市民大眾提供日常食品所需，李坤記正是其中一分子。李坤記原本的舖位樓高 4 層，屬前舖後居形式，地舖連天井，加上與曲街相連的 2A 和 2B 舖位，共佔 3 個舖位，其中一個撥作貨倉，餘下空出位置用木板間隔供自住。1957 年，舊廈拆卸重建，至 1959 年新廈落

地滑
Coca-Cola
菊花茶
NEW
1

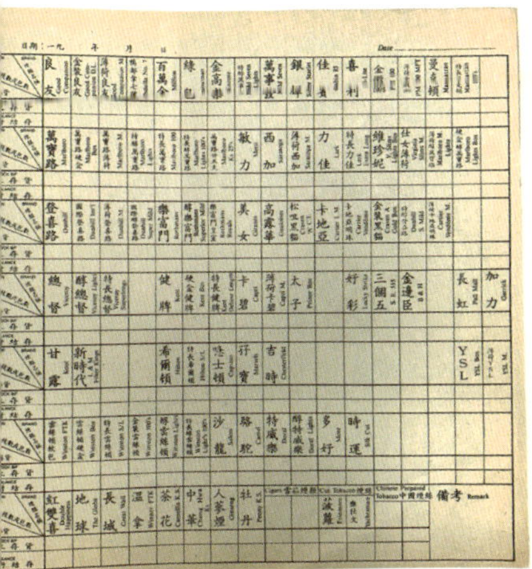

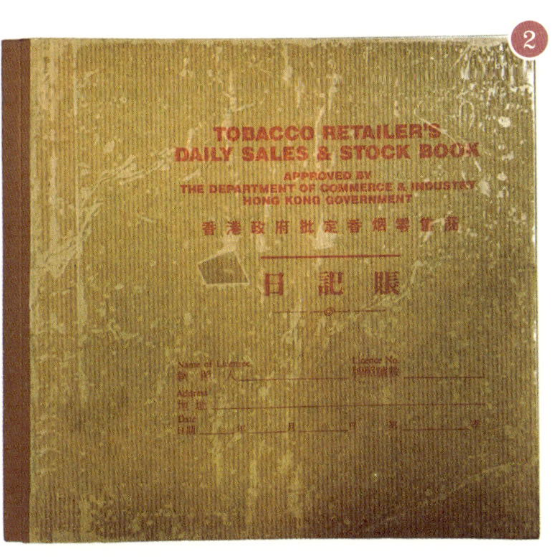

成復居。1970 年，父親過身，兒子李繼祥接手經營，迎來了紅磡、大角咀與何文田翻天覆地的城市發展。

1970 年代，經營士多需要領有眾多牌照，而李坤記曾經持有的便包括生果牌、啤酒牌、雪糕牌、鮮奶牌、香煙牌等，唯獨欠缺洋酒牌，因為當時辦館才會賣洋酒，而李坤記屬於不賣洋酒的士多。士多販賣香煙，除了要申領牌照，還要妥善保存「**煙仔簿**」，存貨一出一入，都要記錄其上；遇上海關巡查，如存貨數量未能與記錄對上便會被罰款，李繼祥便曾被罰款 250 元，令他記憶猶深。

1/ 李坤在香港重光後啟業，第二代李繼祥在 1970 年代回巢，父子見證了何文田戰後重建發展。

2/1970 年代，香港政府規定香煙持牌零售商須每日登記存貨進出，衛生督察並會不時巡查，如登記與存貨有差異，將作票控罰款。

老照片

李繼祥拿出一張珍藏的黑白老照片，照片上是約 1950 年代的漆咸道，無聲印證漆咸道這些年的物換星移。

當年漆咸道由位處尖東的訊號山[9]，一直連接到紅磡及老龍坑一帶（今何文田站附近），當時紅磡海底隧道尚未興建，但漆咸道的交通網絡已經非常繁忙。照片中赫見李坤記的身影，同街還有一間英記士多。當時漆咸道未被填高，與街舖呈同一水平，就在李坤記右邊是通往旺角、土瓜灣和九龍城的 2E、5、6C 和 11 號等巴士站；馬路另一端是飛馬電油站，對出空地則是九廣鐵路的修車廠；巴士站與修車廠正為李坤記送上絡繹不絕的顧客。

1964 年，佛光街天橋啟用，橫貫紅磡東西兩邊；1967 年，香港房屋協會着手計劃在土瓜灣興建樂民新邨[10]，政府利用開山得來的泥石建設道路，並將漆咸道的路面填高。1970 年，第一條貫通香港島及九龍的海底隧道通車；1975 年，九廣鐵路總站由尖沙嘴遷往紅磡，令到隧道出入口附近路段成為港九新界最繁忙的交通樞紐。其後九龍半島由尖沙嘴、紅磡一帶向東發展，道路延長至土瓜灣；延長路段劃為漆咸道北，而原來一段則更名漆咸道南。

9 訊號山：又有「黑頭角」、「大包米」之稱，1907 至 1933 年間為皇家香港天文台向維多利亞港的船隻報時的地點。山上的訊號塔，現被特區政府列為法定古蹟。

10 樂民新邨：舊稱樂民邨，香港房屋協會首個自資興建的甲類出租屋邨，原址為靠背壟道鶴園角石礦場，1970 至 74 年分三期落成。

3/ 李繼祥保留了一張約 1950 年代何文田地區發展的鳥瞰圖。照片中依稀可見李坤記的身影（見箭咀）。

4/ 從往昔報章訪問可見李坤記全盛時期的面貌，生果櫃就放在舖頭前方的當眼位置，是李坤記昔日的主力賣點。

5/ 戰後舊樓拆卸重建，變成前舖後貨倉，加建閣樓用作自住；往時生意好，閣樓也要用來擺放存貨，故晚上要跟貨物同睡。

6/ 這個位置原本放有高身凍櫃存放新鮮水果，並有橙汁和雪梨汁，隨着店前的巴士站搬遷後，生果櫃已轉手出讓。

李坤記原本附近的一列巴士站，在改道後遷往蕪湖街；往後乘客下車都在蕪湖街一帶購買起居生活物品，令李坤記一下子損失大批顧客。生果原屬士多的主要收入來源之一，但隨着客人的流失，李坤記內的生果櫃也在 1987 至 88 年間賣掉。

5

6

7/ 時間眨眼溜走，李繼祥說：「做得一日，得一日。」

8/ 這個裝有各式香煙的箱子也滿有歷史。

踏入 1990 年代，紅磡的發展步伐並沒有停下來。山上的殖民時期建築，換成一幢又一幢的新型屋苑；寶其利街與機利士南路交界的兩座濕貨街市在 90 年代拆卸，連帶機利士南路與孖庶街的行人專用區，也轉作行車用途；溫思勞街、華豐街、必嘉街、曲街和寶其利街等街道愈見孤清冷落。李坤記身處其中，也只能望天打卦。

9/ 舊式可口可樂濕櫃買少見少；濕櫃需要注水和換水，勝在冷凍速度夠快。在需要回樽的年代，分銷商會按汽水樽的數目付款給士多，為士多帶來額外收入。

千禧年代，屯馬線和沙中線（沙田至中環線）興建，一度為這間小店帶來了生機；建築工人的消費力不可小覷，烈日當空從事體力勞動工作，一個電話響起，等閒外賣十幾廿支冰凍汽水啤酒來消暑。

「那兩年確實幾好搵！」李繼祥指對比往昔，漆咸道北往尖沙嘴方向的交通流量，除了早晚的上下班高峰時段外，其餘時間的行車顯得疏疏落落。

10/ 店外的光景每天變化，門前小巷愈見清冷……

11/ 李繼祥見證着紅磡一帶翻天覆地的改變，一切盡在不言中。

12/ 收音機讓幾近足不出戶的李繼祥能知天下事。

13/ 褪色的廣告海報，喚起讀者多少回憶？

10

11
Enjoy
Coca-Cola
bon aqua
bon aqua
bon aqua

12
Panasonic

13
NO.1
COOL
清涼水
新裝
一樣咁勁威!
生活從簡
bonaqua
NESCAFÉ

餘暉

往九龍東方向整天川流不息，可見社會經濟發展的重心經已轉移。經歷 3 年疫情，社會復常，特區政府大力鼓勵年青人北上大灣區發展、長者到內地頤養天年，就連殯儀行業也面臨生意下滑。

除了道路發展，紅磡至何文田一帶成了香港殯儀業持續發展的心臟地帶，居住附近的中國人難免會有忌諱；昔日的舊街坊換成了菲律賓裔，近年則以南亞裔居首，異鄉客的生活和飲食習慣不同，再難有昔日街坊情懷。

在附近一帶負責收集垃圾的女工推着手推車經過，喊道：「一斤？」

李繼祥應聲答：「兩斤。」

「一斤定兩斤呀？」

「兩斤啦！」

女工的身影逐漸遠去，原來是女工趁工作時經過街市，好心替年邁的李繼祥順道買菜。

辦館兼賣水果的風氣，源自 1960 至 70 年代中環區內的辦館。

早年香港的流動小販流行將生果切開出售，方便食用，可是霍亂瘧疾頻生，促使政府加緊管制無牌小販。辦館多開設於街市和市集附近，出售新鮮水果正為市民提供便利。早年雪櫃尚未普遍，而且水果的食用期較短，辦館為了促銷存貨，便推出鮮榨果汁服務，因為容易飲用，大受中環白領所歡迎，正好在午飯後解解膩。

在中環經營辦館的區允邦先生表示：「公司以經營生果為主，1960 年代，在門口擺設果汁檔，一杯鮮榨果汁標價 5 毫，每日售出幾百杯。在中環上班的富豪如何添、李嘉誠、霍英東、趙世光和鄧肇堅爵士等經常來外賣果汁，吸引附近行家爭相仿效。」

② 李杏記士多

李杏記士多

筲箕灣東大街50A號

早上九時半，李杏記士多的鐵閘準時拉起，開門營業。李杏記對正東喜道的筲箕灣地鐵站出口，雖說店內門牌是寫東大街，其實位處東大街背面的東喜道，而兩條街的人流差天共地，讓李杏記的存在顯得不大起眼。

從澳貝龍村說起

第二代店東李先生說：「你應該知道李杏就是我的母親，『李杏記士多』的店名，正是採用我母親的名字。」李杏女士仍在士多掌舖的時候，一直住在舖頭的閣樓。她老人家習慣早起，每天清晨天未亮就開舖，但她獨個兒不夠力氣拉起重重的鐵閘，唯有打開鐵閘閘門，坐在舖內對着大街，若有人客經過要買東西，她便將貨物遞出街外。「每天待我回到舖頭後，才幫她拉起鐵閘。」

李杏記表面平平無奇，其實李杏女士在區內鼎鼎有名，就連區議員也經常到訪店舖與她訪談；她可謂見證了筲箕灣地區的滄海桑田；一切可從筲箕灣半山上的寮屋村澳貝龍村（或稱澳背龍村）說起。

1/ 物盡其用，二手雪櫃裏面裝的是各式樽裝飲品。

2/ 冰櫃燈箱，仍然亮着「鮮奶、啫喱、冰凍飲品」字眼，甚有懷舊味道。

營商智慧

李先生對李杏記士多的開業年份記憶模糊，只知道他們一家是由柏架山的寮屋村落澳貝龍村搬到山下的筲箕灣，推算可能是 1960 至 70 年代之間。澳貝龍村早在 1914 年以 Hau Pui Loong 之名記載於軍部地圖上，位置便在華安石塘（即現今筲箕灣配水庫的位置）入口附近。1950 年代，因大批內地同胞南下來港，各山區山邊搭建大量簡陋寮屋，西灣河與筲箕灣半山一帶也發展成寮屋區，而地勢較高的澳貝龍村正是其中之一。1964 年，華安石塘停用，並於 1960 年代末改建成配水庫。

李杏兩夫婦頗有營商智慧，早在澳貝龍村已經營士多，並且利

3/ 李杏記現在由李杏女士的兒子李先生主理，是為第二代東主。

4/ 現在李杏記主力售賣汽水、零食、糖果和香煙。

5/ 李杏記也是前舖後居的規格，後欄除了是貨倉，還有樓梯登上閣樓的寢室。

用士多買賣貨物得來的現金，向清潔工收購二手衣物，兼且自設加工工場——拆去衣物的鈕扣和拉鏈等配件後洗水處理，然後賣給印刷廠、修車廠等以作抹布，利錢豐厚。李先生說：「父親初到香港時，投靠親戚，在印刷廠任職，看見印刷廠經常需要抹布來清潔機械，於是想到這門生意。」隨着城市發展，政府大規模開發筲箕灣，1967 年開始清拆區內寮屋，改建公共房屋，同步進行填海工程。澳貝龍村也不能倖免，面對清拆命運，李氏一家面臨失去家園，深感徬惶。

從泥灘到填海

一天，李氏夫婦經過東喜道，看見一處不起眼、原是供建築工人上落班時更換衣服的舖位空置了，臨時架建的木板上還貼有租售廣告的單張，他們抱着不妨一試的心態撥打電話，豈料售樓處回覆舖位可供租售。李杏和丈夫最終以數萬元作首期購入該舖位，亦即李杏記士多的現址，並在後舖設置工場，繼續經營二手衣物買賣的生意，一直到 2010 年代初李杏丈夫去世才結束。

1970 年代，東喜道仍是僅僅足夠一架手推車經過的岸堤，岸堤對開便是污泥堆積的淺灘（即現今地鐵站出口位置）。淺灘上搭建了臨時碼頭，兩邊密密麻麻停滿了由廢棄船隻改造的住家艇，碼頭與岸堤之間又架起闊度不足一尺的跳板，供水上商店和居民上岸辦貨購物。當時在筲箕灣經營的士多店舖不超過 5 間，而靠近岸邊的李杏記士多，主力就是做水上居民的生意。

6/ 珍寶珠、媽咪麵、迷你可樂糖……，李杏記內仍有不少孩子最愛的零食售賣。

7

1976 年 2 月 1 日，農曆年初二，筲箕灣愛秩序灣海傍的木屋區發生五級大火，這場史無前例的大火，在短短 3 個半小時內燒毀近千間木屋，逾 3,000 人痛失家園，可幸李杏記士多未受影響。

李杏記士多見證的，還有：

· 筲箕灣大火後，政府加快興建興華二邨安置災民 —— 少了水上人的足跡，換來了放學經過買零食的學生；
· 1979 年，東區走廊及地下鐵路港島東線的工程啟動，愛秩序灣填海計劃展開；1985 年，筲箕灣地鐵站啟用，帶來了新商機 —— 下雨天，盡是進來避雨和買雨傘應急的途人；
· 阿公岩村的機械廠、鎅木廠和繩纜廠，還有曾經是報館大本營的阿公岩道興衰 —— 少了上班的藍領和白領，多了去海防博物館打卡的遊客；

雖然東喜道的人流未算暢旺，但李杏記的生意每年總有些日子特別好 —— **譚公誕**萬人空巷的巡遊、花炮隊、舞龍、舞獅及舞麒麟 —— 雖然與活動主場地東大街相隔一條街，但依然成功帶動汽水飲料的銷情。

7/ 李杏記士多是李杏女士一生人的心血結晶，見證着筲箕灣的變化。

走過風霜

提起母親，李先生語帶感恩道：「很奇妙！那天舖頭已拉上鐵閘，母親自己一個留在店內休息，我走到地鐵站準備乘車返家，突然人有三急，唯有匆匆折返士多上廁所，隱約聽到母親喊救命的聲音，進舖內查看，發現母親整個人趴在地上，原來她在後舖拜神時，想為花瓶添水，怎料一個失神滑倒地上，跌斷了大腿骨，可幸我剛巧折返。」為安全計，在李杏女士康復出院後，便遷到安老院居住。「母親現在還很精靈，每天都會致電跟我們幾姊弟聊天。」

歲月如歌，李杏在筲箕灣扎根半生，走過風霜，見證着這片土地的流轉音符。她曾說過：「自己的一生，彷佛等於做了兩世人的工作。」

8/ 柱子上的細小門牌：東大街 50A

早在 1881 年出版的《循環日報》，已見水上小販盜煤的記載。1906 年丙午風災後，香港政府於 1909 年通過了《建築避風塘條例》，透過填平淺灘和興建防波堤，以保障漁民的生命財產。1931 年《工商晚報》報道，油麻地避風塘的水上小販因喧聲震天，須於午夜 12 時前停止營業。

1947 年，政府除批發經營大牌檔的「攤位小販」牌照外，還有「船上小販」及「小艇小販」牌照。在避風塘經營的小艇小販，除了「粥艇」和「粉麵艇」，售賣為人津津樂道的艇仔粥和艇仔粉外，還有供應水果、鮮榨果汁、汽水啤酒、香煙洋酒和花生零食的「生果艇」，或稱「士多艇」。

③ 假日士多

東龍島

假日士多

筆者住過梅窩一段日子，充分體驗島民（Islander）生活。年輕時，嚮往離島地靈人傑，藝文人士散居島上，精神生活繽紛多彩，惟每次想到離島生活受制於車船班次，便懊惱不已。直至年紀稍大，歲月磨練耐性，才突破心理關口，定居島上。故聞李惠忠和劉雪夫婦在 1970 年代到東龍島歸田園居的事蹟，敬佩不已。假日士多，就是兩人的心血結晶。

歸田園居

1968 年，李惠忠正值 40 多歲壯年，和太太劉雪首次踏足東龍島，發現離島的新鮮空氣，能舒太太常年哮喘之苦，自此心繫這個人跡罕至的荒島。夫妻膝下有 5 名子女，在孻子 10 多歲的時候，將願景化成行動，申請寮屋牌照，合力在島上建屋，打算將來退休享受養雞種菜的田園樂。

李先生是公務員，一星期工作 6 天，只有週日才可與李太到島上。1970 年代初，寮屋建成，成為李氏一家週末度假的基地；李先生退休後，一星期總有 4、5 天居於島上。其時，東龍島未通電，晚上需燃點火水燈照明；至於食物保鮮，需靠外購碎冰解決。運冰返島，要用背帶將冰塊孭在背上，由公眾碼頭行 30 分鐘山路方可到家。想省點力也可以，只因東龍島水質清淨，可天天到石灘摸蜆、捉螺，還有 10 吋長的狗爪螺和鮑魚。唯享田園樂的計劃未竟全功，因水土關係，東龍島產出的菜蔬味道總是帶鹹。

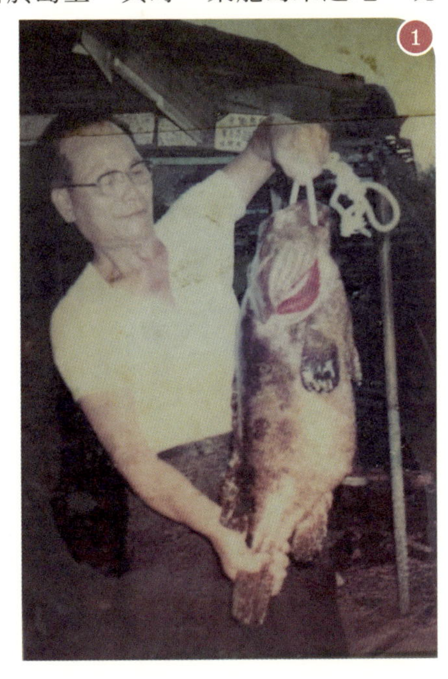

1/ 釣友分享給李惠忠先生的魚穫。

島主

東龍島有山有水，集地理景觀與歷史文物一身。島上有數個可供攀石的岩壁，以及可以觀海的海蝕岩穴。不過，李氏夫婦不露營、不攀岩，也不好釣魚，就是自得其樂。長駐島後，露營人士路過，見李太在炎炎夏日下享用冰凍汽水，便要求他們出讓汽水，再來是麵和餃子……。夫婦二人誤打誤撞便經營起士多，舖前加搭涼棚，擺設枱椅，但民居哪有名字？因在假日營業，假日士多（Holiday Store）的店名不脛而走。

李氏夫婦對東龍島貢獻良多，不少人尊稱他們為「島主」。好像東龍島北碼頭，通往假日士多的瀝青路，甚至是沿路每支燈柱，全部都是「島主」夫婦代替島民向西貢理民府（即現在的民政事務署）

2/ 東龍島吸引不少名人明星到訪，就連第一代萬寶路牛仔 Robert Norris（左一）也曾到此一遊；當然要跟「島主」李氏夫婦合照。

3/ 士多只在假日經營，因而得名。

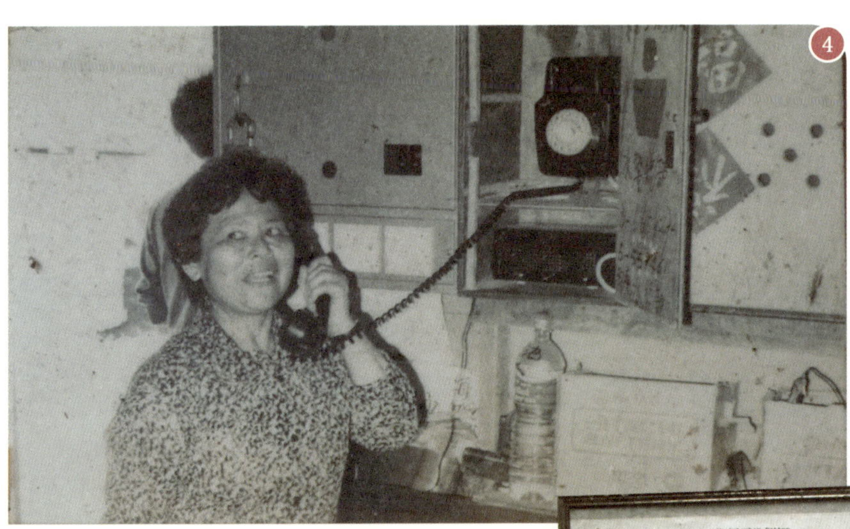

The Rt Hon Christopher Patten

香港總督府

GOVERNMENT HOUSE
HONG KONG

26 July 1993

Thank you very much indeed for sending me the splendid photographs taken when we visited Tung Lung Island. We greatly enjoyed the day.

Best wishes.

Governor

Mr & Mrs Lee Lau Shue
Room 406 Ming Wah Building
9 Ah Kung Ngam Road
Shau Kai Wan
Hong Kong

4/ 東龍島上的電話通訊設施，實有賴李氏夫婦一直不遺餘力地爭取。

申請得來。得來不易的，還有水電和電話；屬行動派的「島主」跟負責職員混熟了，索性申請自行到政府倉庫領取水管，再上山到儲水池自行接駁水管到山下。水管壞了，又親手修水管；直至「島主」年老力衰，才向政府要人鋪水管。

通往士多的一段路偏峭，當局職員動了慈心，特意再鋪一段較平坦的，供「島主」夫人回家。最後鋪設的是電話。在原始大自然，人類是入侵者，「島主」夫人曾被蜜蜂和蜈蚣所傷，為安全計遂申請安裝電話，取代最初使用的微波傳送通訊。島上基建大致在九七回歸前落成啟用。

5/ 李惠忠和太太劉雪為東龍島貢獻良多，獲遊人賜予「島主」的美譽。圖攝於二人晚年時。

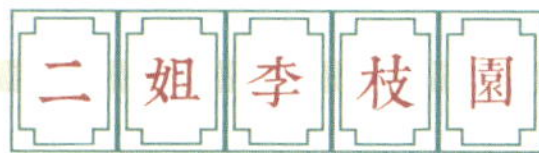

二姐李枝園

星期日清早 8 時許，筆者來到筲箕灣避風塘十號梯台，準備乘搭頭班船出發前往東龍島。每逢星期六日，筲箕灣都有 9 班渡輪往返東龍島。出發前，二姐（李枝園）細心叮囑：「你由筲箕灣登船，在東龍島北碼頭下船，行一會便見假日士多；如果由三家村出發，於東龍島公眾碼頭上岸，要行約 30 分鐘的。」30 分鐘？想必那就是當日李氏夫婦運冰返假日士多的山路了。

避風塘梯台旁邊聚集了準備啟程前往東龍島的釣友、行山人士和拖着手推車一看便知是島民的婦女。船未泊定，島民們已經一馬當先霸佔有利位置，一面高談闊論昨天登船的露營人士何等鼎盛。筆者有預感目標人物李二姐就在島民之列，果然上船一問，才說李小姐之名，隻字未提假日士多，眾口皆說：「她在上層。」

隨二姐登島，就在昔日李氏夫婦摸蜆的石灘，對開海面停泊着4、5隻蝦艇，二姐說：「這些艇每日都來掏螺仔、掏鮑魚，有甚麼便掏甚麼。東龍島快要被掏個一乾二淨！」往前走，岸邊遺下了舊碼頭拆卸後的橋躉和柱，形成一道抵禦浪濤的屏障，儼如天然的海浴場，李小姐說：「潮漲時，小朋友可以放心在這裏游泳。」兩三句話，已見李二姐對東龍島感情深厚。

補給站

沿路還有其他兩、三間士多，再前行片刻，便到赫赫有名的假日士多。招牌除寫有中英文店名，還標註「**馳名韮菜餃、冬菇餃**」和「東龍古堡、噴水岩、露營勝地，由此路往」等標示。

「早過你！」響起爽朗叫聲的是攀石教練葉先生，他由1997年開始逢星期六日到東龍島教授攀石。

二姐眉開眼笑，說：「早晨！竟然大清早見到你，莫非昨晚你在島上留宿？」

6/ 招牌上寫有馳名自家製冬菇餃和韮菜餃，名不虛傳。遊人可向李氏姊弟索取東龍島的地圖和查問景點方向。

POLICE

特別介紹
凍檸賓
$22
菠蘿冰

7/ 二姐李枝園（前）在假日士多留守最耐，是士多的總指揮，能幹務實；大姐李志鸞（後）退休後加入，負責舖面和收銀的工作，性格健談。

8/ 麻雀雖小，五臟俱全，何況島上所有物資須靠幾姊弟逐樣添上。

9/ 門口掛滿「到此一遊」的題字和合照，滿載溫馨記憶。

10/ 每逢週末，東龍島有不少來露營、行山、攀石和海浴的遊人，假日士多是他們的補給站。

葉先生答：「天氣好，打星（觀星攝影）！」

轉頭二姐拋下筆者，快步入廚房打點。訪談當天正值李惠忠先生生忌。假日士多現在由李氏 3 名女兒與蘊子合力經營，最早回巢的是二姐，緊接是三姐，2003 年大姐在老父下肢乏力的情況下，加入護老陣營。姐弟一般逢星期五包船到來，星期日乘最後一班船回筲箕灣。昨夜適逢二姐專程回港島購買祭祀用品，遂締造了早上的船上偶遇。

葉先生見證「島主」夫婦的最後歲月，以及假日士多的續章，數十年不變的是李家樂於助人的性格，他憶述：「4、5 年前，我有一位攀石學生被塌下來的山石傷及足踝，幸保性命，但動彈不得，我唯有下山向假日士多借來手推車，送他下山乘船返港就醫。」

葉先生見證的，還有假日士多出品美食的不變味道。葉先生說：「**公司麵**是必食！每碗有 2 片午餐肉、2 片火腿、4 片魚蛋、2 隻煎蛋和菜膽，我和學生在攀石前吃一碗，足夠支撐到下午 4、5 點下山！」

11/ 攀石人士每次出遊前，都來吃一碗公司麵（前），材料豐富，足夠支撐整日體力。此外，李氏姊妹親自炮製的冬菇餃（後），每碗有 6 隻，出奇美味，令人回味。

12/ 同樣屬自家製的紅豆冰和綠豆冰，夏日透心涼。製作碎冰的水經煮沸，可放心飲用。

不過，筆者更愛李氏姊妹自家製的冬菇餃，薄薄的上海雲吞皮，裹滿柔軟富嚼勁的冬菇餡，一口咬下去，滿口菇香，一碗5隻，讓人欲罷不能。夏天不可錯過的，還有自家製的樽裝涼茶和羅漢果水，清熱潤肺。

大姐李志鸞

大姐李志鸞負責在寮屋搭成的士多收銀和銷售貨物。此時，來露營的小兄妹到士多買零食，大姐如閱兵般說：「這個不吃菜，所以叫王子；那個最喜歡來東龍島游水；細妹就最精靈可愛。」找贖過後，又叮囑：「回去路上小心！」大姐繼續說：「有些小朋友初次登島，見荒島甚麼遊樂設施都沒有，便哭着要走；豈料經過一夜，次

13/ 經常來露營的小兄妹，深得李氏姊妹疼愛。

每包
$12元
每包
$15元
$20元

每包
$12元
每包
$15元
Calbee
Coca-Cola
紙鳶$50

14/ 鄭伊健來島上拍攝電視劇時，曾與「島主」夫婦合照。

15/ 李氏一家在寮屋初建成時合照，當時還未擴建涼棚。寮屋只屬一家週日度假自用。

日父母催促收拾起程回家，小朋友竟然哭得比之前更厲害，原來是不捨離去。」

寮屋裏，擺滿了各式紀律部隊和制服團體贈送給「島主」夫人的感謝狀和紀念狀，還有周潤發、梁朝偉、鄭伊健、謝霆峰和佘詩曼等影視明星的合照和親筆簽名，以及李氏一家在寮屋剛剛落成時的家庭合照，另有三妹在酒樓擺設婚宴的婚照等，大姐說：「父親一早想到幾姐弟會各自成家，兩老亦終會有日離去，屆時幾姐弟便各散東西，假日士多恰好提供了一個凝聚子孫的大本營。」

在眾多珍貴照片之中，最珍而重之放在當眼處的是 —— 尚是孩童的「島主」夫人跟母

親的合照，以及「島主」夫人母系家族的大合照，大姐說：「母親的家族本來很富有，是名正言順的富家小姐。」富家小姐、南下來港避亂、下嫁公務員丈夫，組成小康之家、到東龍島歸田園居……不就是粵語長片老生常談的橋段嗎？常言道最戲劇性的情節，往往出現在現實人生。

16/ 島主夫人劉雪兒時與母親合照（右上）。劉雪母系家族人材顯赫（下）。

由寮屋改建搭成的假日士多，掛滿到訪的明星相片，和制服部隊所獻的紀念狀；就連用木架搭成的涼棚蓬下，都釘滿了寫上紀念字句的發泡膠片，想必是有心人心血來潮，發揮創意，廢物利用。歷年來留下來的紀念字句，有來自學校、教會、社團組織、本地遊旅行團，甚至世界各地的攀石、登山和遠足隊。不過，有建設也有破壞，試過士多在週日無人看守的時候，有滋事份子偷走明星簽名的合照，甚至破壞涼棚蓬下的發泡膠片。

在新冠疫情期間，東龍島成為全港通曉的著名露營勝地。每逢週末，不論男男女女以至帶同小朋友來進行親子活動的家長都到島上露營，可是官營的營地數目有限，不少人便擅自在大草坪搭營，二姐表示不時會有便裝警察到大草坪執法，向非法露營人士發告票。

除了郊遊人士，島上不時有野豬出沒，二姐就見過跟十人圓枱直徑相若的大野豬！二姐向巡邏警員警示，警員起初以為二姐眼花，直至他們有次在山上遇上，才組織野豬隊狩捕。

為防被破壞，較具紀念價值的獎狀和名人明星簽名，已遷入室內擺放。

經典士多玩意

毽子

踢毽是中國歷史上源遠流長的運動之一，相傳最早三千多年前的商朝便出現雛型，最基本是玩家只用手部以外的身體部分，持續經「盤」、「繃」、「拐」、「抹」等動作把毽子踢起，不讓它落地；不論室內或外也能玩。

發泡膠飛機

小時候無法負擔遙控飛機玩具，價錢廉宜的發泡膠飛機正是不錯的代替品。發泡膠飛機款式多樣，外型大多參照上世紀世界大戰時的戰機型號，其組件不多，能輕鬆完成組裝；而且發泡膠飛機比一般紙摺飛機挺身及富流線型，飛行時間較長，甚至加以改良增添配件令它飛得更久、更高、更遠，可算是 STEM 玩具的始祖！不過發泡膠物料頗為脆弱，一不小心很容易弄斷。

彩虹彈弓圈

彈弓圈是種壓縮螺旋彈簧的玩具，當伸展時可以看出其彈性。玩法有很多種，最常見是「落樓梯」，彈弓圈透過伸展動作並彎曲，使一側自動連續到達下一階樓梯，最後因着重力或慣量而恢復原來受壓縮的形狀。留意稍一不慎，彈弓圈便會打結。

彈乒乓球機

為了在父母購物時讓小孩解悶，昔日很多士多在店鋪外擺放一、兩台彈波機，打得一定分數更可獲得由店鋪送贈的小禮物，相當考驗對手部力度的控制。發展下來，更陸續增添扭蛋機和抽卡機，甚至近年大熱、成行成市的夾公仔機。

挑竹籤

古早時期的「桌遊」，玩法很簡單，遊戲開始前先把竹籤散開，玩家每輪要在不觸碰其他竹籤下，將竹籤逐一取走；而竹籤上亦加上代表不同分數的顏色 / 條紋標籤，當所有竹籤被取走後，取得最高分者便勝出，是能夠訓練手眼協調和敏捷力的玩意。

西瓜波

1960 至 70 年代的本地工業產品，因球的表面大多數以紅和白色的間條組成，貌似西瓜而得其名。由於生產成本低，所以售價低廉，成為基層兒童必玩意；不像正式皮球容易損壞周遭物件，適合當時相對狹窄的生活空間與校園環境。(圖片鳴謝：雅俗共想)

竹蜻蜓

現在坊間買到的竹蜻蜓玩意，近乎全部改用塑膠製造，一來更耐用可以循環再玩，而且可以自行更換配搭不同顏色組合的槳翼及轉軸。竹蜻蜓並不止於小孩玩意，更是一種源遠流長的傳統功藝，據説「航空之父」George Cayley 便透過中國的竹蜻蜓領悟出部分螺旋槳的運作原理，促進了直昇機的誕生。

飛碟

記得小時候每逢到戶外野餐或燒烤，總會在附近的士多或小食店買隻飛碟玩，因為地方夠大可以盡情拋擲，而且總是揀選最搶眼的螢光色。常買到的飛碟大多數以塑膠製造，好處是耐用和適合小孩把玩，但飛行距離較其他物料的飛碟短。

玩具水槍

絕大部分小孩子愛玩水，所以水槍是小時候夢寐以求的玩具。相比現代那些水力強烈、更大容量、具備自動連發功能的款式，這款具備獨立水箱和雙槍嘴的水槍，已比水槍仔擁有更高「攻擊力」，在從前已屬於高檔貨。

海綿球彈彈槍

除了水槍，這款海綿球彈彈槍也常見於士多貨架。彈彈槍的「火力」比想像中大，幸好槍嘴與海綿球之間有繩索連繫着，可以調節海綿球的射程，不怕弄失海綿球或誤中別人。

電動釣魚機

電動釣魚機在士多裏無疑屬於「高級玩意」。釣魚機以兩枚電池驅動，開啟後不但「魚池」轉動，小魚的嘴巴也隨之不斷開合，玩家要對準時機用魚竿釣起來，家長也可藉此訓練小孩子的耐性、反應和專注力。還有其他款式加入了磁石設計，也有追加音效和閃燈功能。

伸縮紙棒

又有紙捲棒、伸縮紙捲、如意棒等別稱。它是由一支棍棒和長捲紙製成的玩具，當揮動時紙捲便會向外伸長；男孩子喜歡用它當武器進行另類「決鬥」，但畢竟捲紙較脆弱及不防水，損耗得很快。

比利吹波球

又稱「吹波膠」、「太空氣球」，玩法是將吹波膠擠到附設吹管的前端再搓成球狀，然後在吹管的後端吹氣，便能吹出透明泡泡，隨着擠出來的凝膠份量愈多，泡泡便愈大，甚至用多個泡泡組合成立體圖案。相比肥皂泡，吹波膠的泡泡不容易穿破，留意吹波膠有不同顏色，可從包裝上的橫邊辨別。

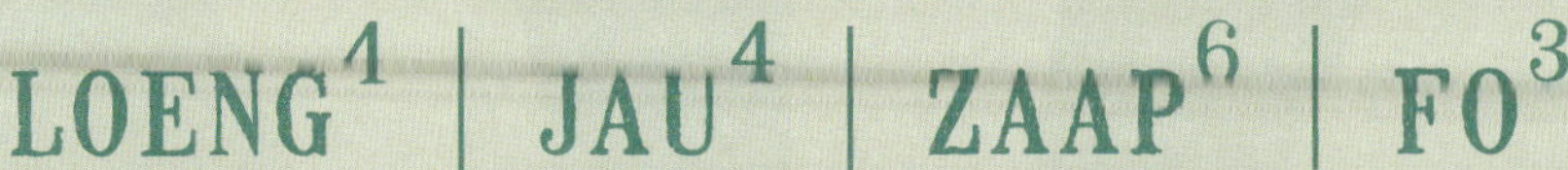

糧油雜貨

大時代下的糧油雜貨業

本文所指的糧油雜貨店，規模較小，以零售為主，部分兼營批發；而大型糧油供應商（如油、糖、米、麵、麥、粟、粉等）則扮演上游角色。顧名思義，糧油雜貨店主要售賣糧油及食品雜貨兩大類；當中涵蓋「開門七件事」相關類別（柴、米、油、鹽、醬、醋、茶），以及罐頭或已包裝好的日用品。其貨源來自糧油供應商、批發米商、本地食品工業、南北行乃至洋行等。早年，糧油雜貨店亦提供代辦伙食服務，直接送貨上門。糧油雜貨店與辦館士多的主要區別在於貨品種類 —— 一般而言，糧油雜貨店主要銷售國貨與土產，而辦館士多的貨品多來自洋行代理。

南北行的歷史與影響

追溯糧油雜貨店的歷史，不得不提「南北行」。「南北」指的是「南貨北運」與「北貨南運」，以中國為中心，「南」指南洋及東南亞，「北」則指日本、韓國及俄羅斯等地。早年，南北行主要代理蔘茸、藥材、海味、米、椰油、糖及各式土特產，可說是壟斷了相關商品的南北貿易市場（相對而言，遠洋貿易則由洋行主導）。香港最早的南北行商號是成立於 1851 年的米商「乾泰隆」。

1919 年，本地食米供應短缺，價格飆升，一些米商囤積居奇，引發搶米潮。政府意識到民生食品對社會穩定的重要性，開始以不同程度介入米糧進口和分銷制度。1954 年，香港米業進入「三級制」時期：由持牌入口商（「頭盤商」）負責分銷食米給批發商（「二盤商」），而零售商（「三盤商」）則只能從批發商進貨。換言之，糧油雜貨店必須向註冊食米批發商購米（進貨）。

韓戰與禁運

1950 年，韓戰爆發。隨着中國參戰並援助北韓，美國試圖以經濟手段遏制中國，促使其他盟國和中小國家對中國實施經濟封鎖與禁運。由於香港一直是中國進出口（或轉口貿易）的主要管道，因此禁運措施亦波及香港。

1951 年 9 月 15 日，時值禁運時期，五豐行於香港成立，取「五穀豐登」之意。五豐行與德信行同屬華潤公司旗下，主力從事禽畜食品及果蔬等農產品貿易。德信行最初負責土特產及酒類，後來相關業務全部交由五豐行處理。1952 年，五豐行成為中國食品公司在香港的獨家代理，並在旗下設立若干分銷公司，以配合不同商品類別及產地。韓戰結束後，禁運逐步放寬，五豐行成為本地糧油雜貨店的主要供應商之一。

1970 年代，香港幾乎所有的糧油均依賴中國進口。當時內地仍未開放，所有進口貨品皆由內地指定單位安排給本港的進口商或代理商經營，因此業界競爭不大，各方皆能獲利。然而，到了 1980 年代，中國實行改革開放，各類糧油食品及鮮活食品的出口權放寬，加上市場資訊流通加速，物流發展迅速，許多進口商開始直接從內地批發商進貨，再轉售予雜貨店。傳統經銷制度逐步瓦解，五豐行昔日的主導地位也逐漸淡化。

飛輪牌

雪菜肉絲

餸飯好味

佐粥不俗

下酒亦得

撈麵醒目

總代理：五 豐 行

總經銷：香港恒達(1981)企業股份有限公司

電 話：5-441230

刊於1982年的內地品牌飛輪牌（Flying Wheel Brand）雪菜肉絲罐頭廣告，顯示由五豐行代理進口。

挑戰與轉型

小型糧油雜貨店多紮根社區，大多數為家庭式經營，沿用傳統運作模式，例如手寫單據、依賴倉務員記憶記錄庫存等。他們多服務該社區的居民，做的主要就是街坊生意。與辦館士多一樣，在超級市場及便利店大行其道的情況下，逐漸被邊緣化。另一方面，原有負責人年紀年邁，下一代大多不願接手，也令許多雜貨店走上結業之路。部分糧油雜貨店另尋出路，例如利用社交媒體，建立專頁等，以圖重新吸引年輕一代的消費者。

參考資料：

1. 香港糧食雜貨總商會：《香港糧油雜貨店營商攻略》，香港糧食雜貨總商會，2016 年。
2. 港九罐頭洋酒伙食行商會有限公司、香港洋酒食品超級市場職員協會：《辦館街印記：香港故事——罐頭洋酒、雜貨今昔》，潑墨工房，2022 年。

① 成興泰糧食

成興泰糧食

石硤尾街107號

王德鑑總是把「時代唔同」掛在口邊，他口中所指的是1970年代。

「1970年代，可以在公共屋邨用200元租一個舖位；今年舖租已經加至7,000元！還好是舖位隸屬香港房屋協會管理，加幅尚算可控，否則可能已經不能維持下去。」成興泰糧食全盛期有4間米舖，到現在只剩下石硤尾一間。

米業的輝煌

1/ 傳統糴米舖會在木米桶內插上食米花款（產地和品種）的膠牌。

1970 年，是糴米舖多過銀行分行的年代。王德鑑才廿多歲，父親在石硤尾、大埔廣福道、九龍仔及青山道均有開設米舖，每間都聘請 4 至 5 位夥計，崗位分別有：負責招待人客糴米的掌櫃先生〔1〕、送貨打雜、溝米師傅和負責提供員工伙食的伙頭。當年，每袋「藍線包」〔2〕的食米重達 100 公斤，每次進貨幾十袋，米包一直堆疊到天花，每次貨物進出都是一場角力。

那是香港家庭計劃指導會高唱「兩個就夠晒數」的年代。香港由 1950 年代中期的 220 萬人口，上升至 1970 年代的 400 萬。社會以勞動人口為主，家庭生養眾多，如是者「每多一張口吃飯，便多一雙手工作」。

那是一斤白米才售 7、8 毫子的年代。食米是主糧，副食品屬奢侈品，加上體力勞動，王德

1　掌櫃先生：因為多數讀書識字，故業內專稱「老師」。2　藍線包：以麻包袋裝載，每袋重達 100 公斤，由於麻包袋上印有一條粗藍線，故名「藍線包」。

鑑說：「食飯只求果腹，不講究口慾，所以大部分百姓會選擇買價錢只及大米三份之一的米碌。那時開飯個個都會添飯，而且添完一碗又一碗。每到農曆新年，街坊辦年貨過年，要取個好兆頭，一買便是一百幾十斤食米，用個大瓦缸儲起，寓意常滿，最快也要等到過了農曆初十五才會再次糴米。」

那是米業輝煌的年代。

2/ 溝米師傅需要憑經驗，觀其色是否亮白、手感是否滑溜，以及聞一聞是否有「行」味，來決定米的質素。新米顏色亮白、手感潤滑與及米味清香。

3/ 用來量度散裝米重量的天平秤。

4/ 以往的「藍線包」等間重達 100 公斤，若是大批進貨或卸貨，都要四五個苦力才可拉動。（圖攝於約 1930 年代的上環。圖片提供：許日彤）

米的學問

糶米舖需體力勞動，收入卻微薄，王德鑑父親起初並不贊成兒子入行。奈何當時的掌櫃先生監守自盜，父親唯有急召王德鑑回巢。他由坐櫃枱開始，偶爾幫手送貨、溝米，從旁偷師，直至獨當一面。就以疊高「藍線包」為例，如果堆放不穩，便有倒塌之虞，「『冧』是『冧』過，萬幸未有人受傷，舖頭開業以來算是很平安。」

5/ 黃德鑑身後的鐵柱，用來鞏固疊高了的袋裝米。往時（1970 至 80 年代），米包的高度可以疊至天花板。

傳統糴米舖都會按人客的要求而溝米。在溝米前，先要挑出未完全脫殼的穀，用箕揚，利用摩擦力和離心力脫去穀殼；再過風機，飛砂走石。擱置在雜物房的風機，屬 1970 年代的產物，由王德鑑用 200 多元自澳門訂購回來。風機的構造簡單，上層是供注入食米的漏斗形入口，中間經過一個木箱，木箱內層一邊裝有電風扇；當食米跌入木箱內隨風吹動，摻雜其中的穀殼、砂石、鐵釘和其他異物因輕重有異，便跌入箱底一格格的木間隔分別收集。成興泰米行的風機已停用多年：「現在的袋裝米很乾淨，甚少摻有雜物，時代唔同。」王德鑑說。

溝米屬專門工作，而且溝米師傅還有另一專長，就是可以透過簡單對話，捉摸客人喜好。好像有人喜歡進食較軟身的白飯，有人要求挺身見飯，也有要求「唔軟唔硬」的，有些卻偏好米香。其實，溝米不外乎將新、舊米兩溝。新米的色澤亮白，煮飯用水要略減，煮起，飯味清香、入口軟糯；舊米的色澤較暗啞，澱粉質隨時間流失，用來煮粥，格外棉香。至於要求軟硬適中，並且最好煮起挺身和見飯的，則為餐廳食肆所喜用。

6/ 溝米過程：

一、溝米師傅先將米倒入平底大鐵鍋。

二、再憑經驗，按人客的要求，如軟滑、軟硬適中或煮起較挺身等，混合不同花款和新舊程度的食米。

三、混合後，裝起備用。

泰國香稻每年僅種植一造：7 至 8 月播種插秧，11 至 12 月收割，稱為「農曆十月晚造米」；煮成，格外香軟，不愧香稻之名。王德鑑為喜歡吃「農曆十月晚造米」的嘴刁顧客教路：「只需要記着『十月芥菜』，便會記起何時來找我訂購新米。」王德鑑指着舖頭內兩包 10 斤重的「農曆十月晚造米」說：「有位客人指明要買『農曆十月晚造米』，其實他昨天才買了一包，豈料剛才再致電給我加購兩包，可能他買來儲吧！」

7/ 揀靚米，要觀其色、量其手感和聞其米香。

客情

王德鑑輕嘆：「時代唔同。現在一斤白米最平也要 9 元。社會繁榮，個個豐衣足食，講求美食享受，要求飯有飯香、口感要軟滑，但又怕肥，個個都話要戒食飯。老友記又多數獲慈善機構派餐，即使來糴米，頂多買兩、三斤，也不過是用來守門口罷。」從工業貿易署的統計數字來看，香港人的確越來越「唔嗅米氣」，香港每人的每年平均耗米量從 2019 年的 40 公斤，一路下跌至 2023 年的 34 公升。

現在每包「藍線包」食米重 25 公斤，雖說只及從前的四分之一，但舖內疊高的米包足有一個成年人的高度，全部由年近 80 歲的王德鑑一手一腳堆砌上去。年青時，肩膀搭起一包 100 公斤的「藍線包」，獨自騎單車送貨到紅磡家維邨和美孚；現在最遠只能去到紅磡馬頭圍道。馬路如虎口，王德鑑也曾在馬路上跌倒受傷，兒女們都勸他退休。

訪問期間，門口來了專程來糴米的周太。周太家住荔枝角，每隔一段時間便駕車來成興泰糴米。

周：「金鳳 10 斤。」

王：「鍾意食軟？食硬？」

周：「唔軟唔硬。」

筆者：「成興泰的食米特別對胃口嗎？」

8

87 今時今日，黃德鑑仍然堅持每日騎單車送貨。然而香港馬路繁忙，騎單車載着貨物要上落斜路，還要閃避行人，相當有難度。王德鑑便試過遇上意外受傷。

周太：「很難說，因為米有造期，未必每造米都靚。有時來到，老闆會告知『今造米稍有不及。』不過，這裏做街坊生意，感覺比較有信心。」

人客在超級市場買米，即使遇着真空包裝漏氣甚至有穀牛等問題均不設退貨，但糴米舖做街坊生意，講求信譽，多數會有商量，成興泰的客人就遠及屯門。就是這份「客情」，令王德鑑捨不下「成興泰米行」這個家族字號。

洪流

緊隨時代的步伐，王德鑑引入了為順應健康潮流而生的健康米，而且同樣設散裝米服務。「最多糖尿病人食糙米；如果想補血，可以揀紅米；袪膽固醇的話，就要買燕麥……還有黑米、三色米和從外國入口的三色藜麥。」門口還擺放着一桶 195 公升的南非皇冠牌濃香花生油，牆身貨架則放置了一堆塑膠空瓶，原來是免費供給來買油但又沒有自備空樽的人客使用。

桶裝花生油，才搽出來，已經香味四溢，色澤金黃，零舍不同！

PRODUCT OF THAILAND

THAILAND
金鳳
GOLDEN PHOENIX
淨重25公斤
绍兴酒
紹興花雕酒
泰國頂級
KHAO HOM MALI
金鳳

10/ 往時算盤是主要的生財工具，但其實黃德鑑早已轉用計數機；如今拿起算盤把玩，已經日久生疏。

時代唔同。在現今「唔嗅米氣」的時代，轉賣散裝糧油雜貨的典型糴米舖，反而為街坊提供了便利；換個角度，昔日的溝米服務，不就是「個性化服務」的雛形嗎？自備空樽（Bring Your Own Bottle, BYOB）的大桶裝花生油，豈非時下最流行的環保店經營模式？！時代唔同抑或與時並進，可能不過是鏡子的兩面。

11/ 成興泰店內留有不少學生到訪合照、傳媒採訪照、彩繪和寫生，留下了珍貴的瞬間。

米碌，指品質較次和混有雜質的碎米。

在未有恆溫米倉之前，米包運港的路途遙遠，如在途中受潮，加上米包入倉後堆疊，會產生自然發熱的現象，食米容易發霉變灰，滋生穀牛和蟲害，米商便要光顧米機，用機器打磨，將食米回復光潔，方可發售。這些經過打磨的碎米，便成米碌的主要來源。

戰後，大量內地同胞南下避亂；新移民沒有配米證，政府遂委託香港米行商會承銷政府的廉價白米，以解市民燃眉之急。1949 年 7 月，政府為防配給米中混有雜物或米碌，規定所有米舖須在當眼處懸掛一瓶「米辦」，以供消費者辦別。

此外，食米在運送途中，不免會有碎米從袋內跌出，店東一般都會將這些掉到地上的碎米，用掃把收集起來。這些混有雜質的米碌，便成草根階層的省錢途徑。

1988 年，招商局倉碼運輸有限公司在西環堅尼地城西寧街的第二倉落成啟用，成為香港首個現代化的全空調恆溫米倉。

② 成興隆

成興隆

旺角柏樹街12號地下

2011 年，一個炎熱難眠的晚上，施寶欣一時興起打電話到電台點唱。

「喂。」電話一邊響起主持人葛民輝的聲音，施寶欣半信半疑地報上自己的姓名，之後的對話一直如在夢中，突然葛民輝問：「你公司貴 寶號？」施寶欣頓時醒一醒，正猶疑是否可以開腔回答，卻已禁不住衝口而出：「成興隆。」

意想不到的是，成興隆的名字自始在坊間徐徐流傳。

第一間聞風而至的媒體是飲食雜誌，當時施爸爸還在世，娓娓道來成興隆的前世今生，令當時 20 多歲年青富幹勁的施氏兄妹醒覺：「現在的小朋友就連雜貨店賣些甚麼都不知道。究竟我們是否可以為家族小店做些甚麼？」

施寶欣遂着手為成興隆開設 Facebook 專頁，專頁上的商標，屬於地區團體舉辦聯校比賽的優勝作品。比賽由中學生分組為地區小店設計商標，以及撰寫加強推廣的建議書，最後由負責成興隆的一組學生勝出比賽，施氏兄妹也樂於採納使用這個色彩繽紛、充滿年青活力的商標。Facebook 專頁吸引了地區保育組織、攝影愛好者和學校師生，還讓成興隆成為不少廣告和影視作品的拍攝場地。

1/ 施寶欣是施家孻女，如今是雙職母親，星期六日才有時間到舖頭打點，還負責對外公關宣傳。

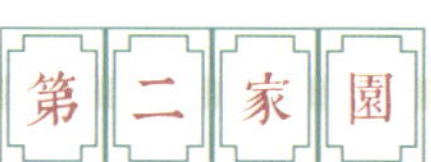

第二家園

「你現在看見的舖頭裝修陳設，跟 1973 年完全一模一樣。」成興隆的第三代老闆施偉成說，其實 1973 年施偉成尚未出世。成興隆由祖父在 1960 年代末所創，原址在白楊街，店名廣興隆，同樣經營糧油雜貨；1973 年舊樓拆卸，才遷到旺角柏樹街現址。

2/ 成興隆的舖頭裝修陳設歷年未變。（圖片由受訪者提供）

3/ 施氏一家，（右起）術後初癒的施老太、施寶欣、施偉成和妹夫。

對施偉成和施寶欣兄妹來說，成興隆就等於他們的第二家園。兄妹的童年歲月，不是在學校，就是在成興隆，最後才是家。「放學回到舖頭，我們要幫手貼貼紙。」施偉成說的是罐頭招紙，原來罐頭供應商是分開供應瓦罐裝冬菜和罐頭招紙的，罐頭招紙要由零售商自行加工貼上。那是一份報紙才售 5 毫子的年代，當時成興隆仍有售元朗絲苗，每斤售 1 元 7 角。直至 1990 年代，政府發展天水圍，區內魚塘被地產發展商大手收購，改建成工商住宅，元朗絲苗才絕跡香港。

接收家業

「元朗絲苗的品種，其實源自廣州油粘。在糧油食米仍受國營企業規管統一出口的年代，中國大米最多來自華南地區，甚麼『紅字』、『發字』、『財字絲苗』和『華南粘』，老一輩講起都津津樂道。不過，現在香港許多食米品種，已經不是來自廣東。近年湖北華中農業大學研究發展出多個優質絲苗品種，只要你回內地逛過農業展銷會，都會看見。」施偉成在接手家業後，花過不少心力，身體力行去充實產品知識。

「唔該，給我三斤。」經常來糴米的羅女士說。施偉成隨即動身去量米，兩人明顯有默契知道所指的是哪一種米，施偉成說：「她們家只吃『農曆十月晚造米』，十月米，煮起來特別軟糯，米味清香。」原來羅女士已經遷離太子區，每次都由南昌邨專誠駕車回到成興隆糴米。

4/ 金菊花香米獲電影《食神》的飲食顧問戴龍師傅賞識，用作黯然銷魂飯的材料。

5/ 增城絲苗的米粒晶瑩潔白，飯味格外清香，口感軟滑。

專業米知識

成興隆總共供應 5 個品種的食米，包括施偉成自己最喜用的增城絲苗，他說：「絲苗的顆粒較細，煮起較企身見飯，最適合用來炒飯。」至於最特別的，一定是別號「黯然銷魂米」的金菊花香米。施偉成清楚記得，2015 年 5 月 1 日，有位報館記者來成興隆買了兩斤米，原來他拿去六國飯店轉交大廚戴龍師傅，煮成「黯然銷魂飯」(即在電影《食神》出現的叉燒煎蛋飯)，最多鬼主意的施寶欣逐將金菊花香米冠以「黯然銷魂米」的美名。

施偉成說：「以前的金菊花香米，會按月份來將新、舊米對溝，再另加兩個其他品種的食米，來溝成『黯然銷魂米』。不過，現在的金菊花香米已經沒再溝米，除了因為人工成本高，某些品種的食米已經絕跡香港。」從言談中，不難感受到施寶欣對哥哥的尊敬。「從哥哥身上，我學懂了許多產品知識。哥哥對食

6/ 不少顧客都專誠駕車遠道而來買米。

米和腐竹的要求，可以稱得上是專業人士；舉例，原來煮臘味糯米飯，一定要用舊糯米，如果用新糯米，效果天淵之別。」

街坊情

看似嚴肅的施偉成，其實也有鬼馬佻皮的一面，好像菲律賓女傭來買米，他笑問：「為何你今日不打扮靚靚？」把女傭逗得眉開眼笑，原來女傭日前放假，一改平日衣着樸素，打扮俏麗來購物。除了食米，原來糧油雜貨也講究節期。每當農曆新年將至，舖頭門口便會擺放兩個大玻璃樽，一紅一黑，賣瓜子；還有特品花菇和元貝，供客人送禮自用。端午節雖然沒有賣鹹蛋黃，但少不了糉葉、鹼水、糯米和綠豆等包糉的材料。蔗糖也講究時令，每年入冬的蔗糖品質最靚，可以用來包湯丸做餡、煮馬蹄糕，甚至可以用來洗澡，滋潤肌膚。

在店內打點，最多時間便是與客人交流，不時更會有意外收穫，施寶欣說：「有時我問人客買醬料，打算怎樣烹調？客人都樂於分享，例如煮咖喱，原來下少一種香料，味道會相差很遠。相反，有時街坊買了魚、肉和菜，卻苦思不出烹調方法，走來找我們提意見，我們又會教他們可以配搭些甚麼醬料。」街坊路過，總會停下腳步跟施氏兄妹閒聊幾句；新年幫襯買糯米粉蒸年糕，又會額外蒸多一底送給他們，這些都是超級市場不會見到的人情味。

7/ 將蛋放近燈泡下，看看是否佳品；這「照蛋」技巧，可能只有老顧客才懂了。
8/ 來糧油雜貨店購物的，當然還有菲傭姐姐。

7
8
End
終止
NPV
TABASCO

9/ 向高發展是糧油雜貨店善用空間的法則。

10/ 施偉成做事認真，賣米，便研究不同食米產地和品種；賣蛋，便自學成為蛋類專家。

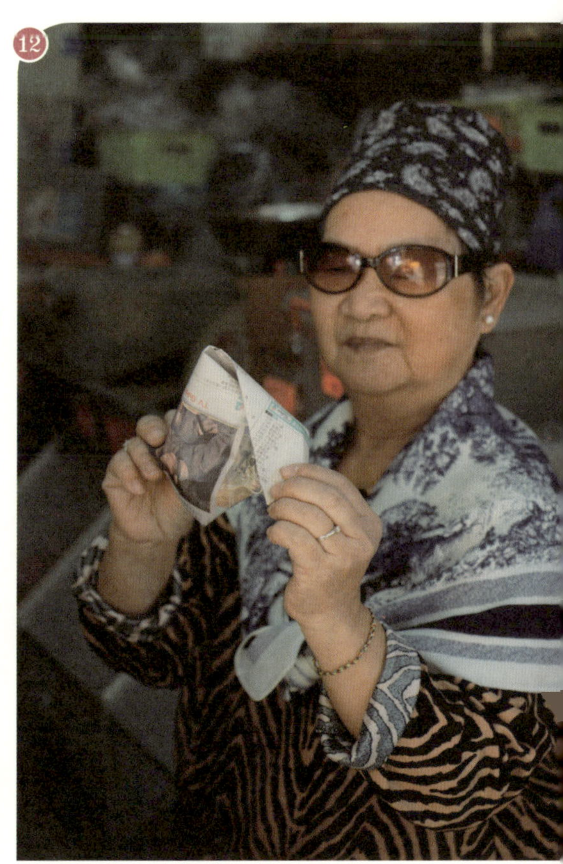

11/ 傳統的收銀方法，展現民間智慧。

12/ 施老太示範如何用一張報紙、一條繩子，就可將貨品包紮穩妥。

盲搶鹽

2011 年 3 月某天，大約中午 12 時許，有位陌生客人來買粗鹽，奇在他要買 10 包！施偉成唯有如實回答：「抱歉，小店存貨不足。」那人便掉頭走。「其實每袋一磅裝的粗鹽才售 3 至 4 元，所以我們也不感覺可惜。」後來陸陸續續又來了幾個客人，都是來買粗鹽的。施寶欣開始察覺情況有異，原來日本爆發 311 大地震及海嘯，導致福島第一核電廠出現核泄漏事故，於是坊間有傳聞粗鹽可以預防核輻射！

13/ 李祥和是元朗老字號，其出品的粘米粉和糯粉，很受老一輩歡迎。

直至傍晚黃昏，成興隆的門口已經聚集了 10 多位排隊買鹽的客人，而且不論是粗鹽抑或幼鹽，只要是鹽便可以。「我們急急致電供應商補貨，除了要應付散客，還要確保有足夠存貨供應大牌檔和食肆，不可以失信。」望穿秋水，直

14/ 國產貨品天津冬菜，其玻璃瓶造型特別，在坊間已不常見。

至到次日黃昏，望見供應商的貨車從街尾緩緩駛近，才終於鬆一口氣！施偉成後來才知道供應商存在貨倉內的 40 多噸食鹽，全部被搶購一空！

俠義

除了「盲搶鹽」事件，在新冠疫情的 3 年裏，成興隆還經歷了搶購食米和廁紙。施家祖籍潮州，自祖父一代開始，已經積極參與籌辦盂蘭勝會活動。施偉成承繼了這份熱心腸，去年更義務出任太子區盂蘭勝會值理會的主席。回說新冠疫情爆發初期，香港鬧口罩荒，不少朋友在 WhatsApp 群組求助。施偉成在執拾舖頭後倉時發現一箱口罩，才記起盂蘭勝會值理會在許多年前，留了一箱口罩在成興隆的後倉。熱心腸的施偉成立即將口罩免費分發給有需要的人，只留下兩盒給自己和家人自用，「雖然口罩已經過期，但有獨立包裝，總能夠頂到一陣子，好過冇。記得我有個朋友為取一盒口罩，專程由屯門趕來太子找我。」疫情下，意外跑出的的還有麥芽糖，多了家庭買麥芽糖來在家自製叉燒，既可自娛，又可聯繫家人感情，除了口中嘗到叉燒的蜜味，其實心更甜。

提起本地米，大部分人只知道元朗絲苗。其實20世紀初期，新界種植的主要稻米品種，「早造」的有花腰仔、金包銀、珍珠早與石穀；「晚造」有鼠牙尖、油粘、黃穀齊眉、大糯和細糯；在海濱鹹田種植的鹹稻有鹹敏，或作鹹滿；高地則有早粘和早糯。

早在民國初期，已有趙氏家族於天水圍廣置阡陌，並組成「聯德公司」，每年出產千幾擔穀。趙公輔太平紳士童年時居於元朗，目睹大片金黃稻田的景象，冬天時用元朗絲苗加臘味煮飯，那種滋味永世難忘。元朗絲苗米身纖幼尖細，故又名「鼠牙尖」，米色潔白，特別軟糯甘香，炊熟後飯香撲鼻。

新界米在收成後，米農將穀粒交到米機加工〔3〕，每間米機一般可處理幾千至一萬公斤新米。每日清晨五時許，米機運米到西環倉庫，由於新界米產量不多，所以不用入倉，會直接進行交易，由食米批發商安排貨車，送到買了米的酒樓食肆和零售米商（即糴米舖）。

3 米機加工：米機將穀粒進行除殼和去糠等工序，打磨成食米出售；遇有發霉變灰的食米，米機便將米蟲和穀牛磨死，並再重新打磨光亮出售。

③ 潮發白米雜貨

潮發白米雜貨

九龍城衙前塱道46號地下

星期一下午，來九龍城衙前塱道街市買餸的人疏疏落落，潮發白米雜貨在店前陳列着大盆用鹹水浸醃的鹹菜，散發着濕濕㓤㓤的鹹鮮味，惹來蒼蠅不斷盤旋打轉，劃破了冬日的慵懶。

店內正在看舖的老漢佇立着，縱然白了頭，體格仍然精壯，帶幾分潮州漢子不怒而威的氣勢；筆者向他道明來意，老漢指一指坐在高櫃後的女士。女士體型纖瘦，容貌秀麗，頭髮整齊梳上，不問而知是潮發的大內管家邱太。

筆者上前，才說上兩句，身後已經多出了一位文藝青年，原來是來為電視台落實翌日到場拍攝細節的工作人員，筆者唯有匆匆約過便離去，身後傳來邱太與青年商討細節，並要求縮減拍攝時間的對話。來訪當天，邱太最關心的仍然是時間：「是否很簡短？三十分鐘足夠吧！」的確，時間有限。在九龍城舊區重建[4]的緊箍咒下，潮發的時間每日都在倒數中。

1/ 舖頭有不少專誠駕車來買東西的「架己冷」。

4 市區重建局於 2022 年 5 公佈開展「九龍城衙前圍道/ 賈炳達道發展計劃」，受影響範圍包括九龍城市政大廈（九龍城街市），以及衙前塱道一帶商舖。預計 2027 年啟動重建工程。

2/ 邱太之前從事美容行業，對店鋪陣設有一定要求，務求整潔美觀。

3/ 別看邱太身型嬌小，幹起實務來，甚有掌櫃架勢。

4/ 邱太口中「萬能」的老爺，在潮發歷經過不同「朝代」，如今成了店主。

潮發座落在衙前塱道 46 號一幢戰前舊樓的地下，舊樓屬廣東騎樓式建築，騎樓底下把門廊擴大，串通成長長的廊道。騎樓可以遮風雨，又可以防日曬；騎樓內的店舖更能借用廊道空間，敞開舖面，陳列商品，招徠顧客。邱太指老爺與丈夫接手經營潮發這十餘年，衙前塱道路旁總是泊滿了車輛，路上行人熙來攘往；舖面和廊道儼如一體，廊道的騎樓天花掛上海味，陳列整齊的潮汕小食如炒鹹菜、炒豆干、螺和蝦蟹等醃鹹鮮，足有半條廊道的路面寬闊，客人在店內肩摩轂擊，爭相購物。

潮發創立於 1949 年，第一任東主是潮汕人陳氏；其後由同鄉伍氏接手，直至伍氏舉家移民，再轉售予現任東主邱生。筆者初訪潮發，遇見的老漢便是邱太的老爺。邱老爺最先開始到潮發打工，且先後受僱於陳氏和伍氏；後來兒子也加入一起打拚，起初租下潮發，最後正式頂讓。接手經營後，原本任職美容的邱太，不忍丈夫和老爺工作辛勞，決定回巢助陣；祖籍廣西的她，便成為店內唯一的非潮籍人士。

在媳婦眼中屬「萬能」的老爺，對潮發又愛又恨。邱老爺說：「打工時，舖頭有成 10 多個夥計，員工用膳要分兩張枱才夠坐。朝早上班，全部夥計幫手執貨，老闆由朝早 9 點半開始送貨，給區內的潮

州酒樓和街坊，一路到晚上 8 時才收工。一個月等閒售出過百包 50 公斤藍線包白米，一日賣 300 個韭菜粿。後來伍生接手，我身兼溝米和雜貨師傅兩職，是舖頭主力。起初伍生對我不薄，豈料他退休賣盤，推說接手的既是我兒子，可以免卻遣散費這些繁文縟節，後來我到勞工處一問，才知道吃了虧！」邱老爺說來仍是意氣難平。

5/ 不少潮州老字號食肆，都向潮發進貨。

6/ 潮發在一眾老顧客心中的份量，又豈能量度？

7/ 紅色「潮發白米雜貨」六字，寫在白色騎樓柱子上，是為這老字號最鮮明的標記。（惜訪談當日，該揀樓宇已被半幅建築用安全網所掩蓋，未能拍攝騎樓全貌）

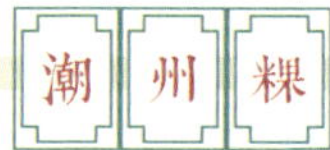

「老闆，唔該 10 個 Gu Chai Gue！」來買韭菜粿的女士說。光顧潮發的客人，佔七至八成屬潮汕籍，既然大家是「架己冷」（潮州同鄉），來購物自然說潮州話。

筆者承機討教：「要點煮？」女士耐心解釋：「可以蒸，不過我多數煎。用平底鑊，燒熱油，調慢火，放入韭菜粿後，加少許水，冚蓋煎至外脆內香。」

此時，丈夫匆匆而至：「甚麼事？」女士笑說：「他是潮州人，你問他吧！」筆記當然不會放過機會：「你覺得潮發的韭菜粿與其他同類店舖出售的比較如何？」

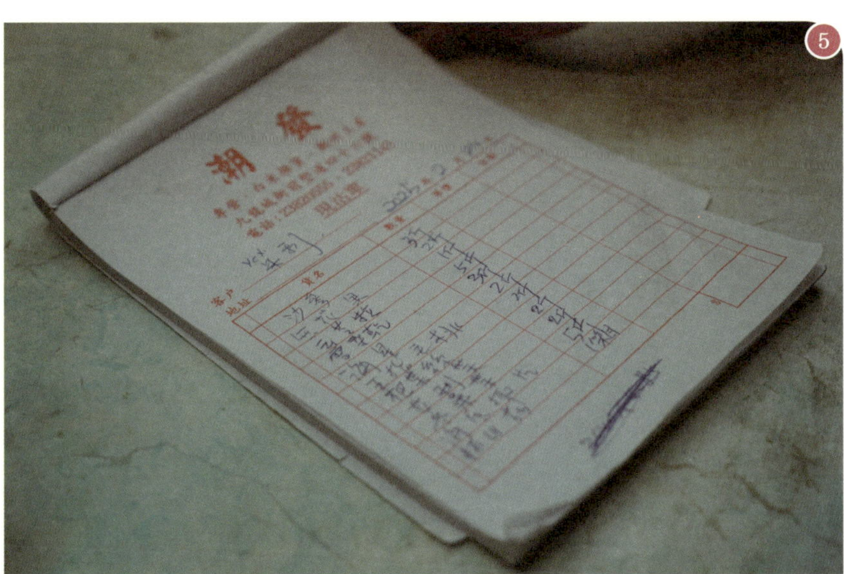
5
潮發
現沽單

6
大和鹵水汁
18
50

7
潮發白米雜貨

8/ 潮州人喜愛用來煲糖水的薑薯。

9/ 潮州人用來拜神的紅桃粿，取其紅紅旺旺；桃在中國寓意長壽。

10/ 潮州粿有不同種類，圖中有一紅點的是椰菜粿（粿上有一紅點）。

11/ 兩斤重的雙喜大包。

男士答：「我細細個已經住南角道，沒有在其他地方買過韭菜粿！」

正如邱老爺所說，潮州人長情，個個都是回頭客，即使外邊售價較廉宜，都不會惠顧別號；他日羽翼漸豐，到海外負笈，思鄉情切，潮州粿品更是不可離身。除了韭菜粿，店內還有芋頭、椰菜和蘿蔔粿；粿皮染成桃紅色、呈腰果形的紅桃粿，有

綠豆和糯米兩種餡料，潮州人取其紅紅旺旺，紅桃又有福壽安康的寓意，是拜神祈福必備的粿品；此外，還有油炸的油粿和雙喜包。

潮州粿除了是祭祀用品，還是潮州人的家常小吃。潮州人喜喝濃茶，正好配上口感充實的粿品；潮發出品的潮州粿，由邱氏父子每朝清晨 6 時回到店內工場親手現製，粿皮柔軟 Q 彈，不易穿破，是別家沒有的潮州地道風味。

邱老爺自豪地說：「有次周潤發來到，見到油粿剛剛出爐，竟然不怕燙手，隨手拿起便吃，吃完再付款。他每次都堅持付款，即使

10

11

12

13

14

15

12/ 各色各樣的潮州醃菜，既是開胃小食，也是下潮州粥的佐料。

13/ 據稱是由開舖用到現在的收銀鐵罐。

14/ 米行業，連帶糴米舖也有不少「架己冷」。

15/ 潮州人每逢新年都喜歡吃鹹香惹味的蔗渣燻鴨。

我說請客，他都不答應，還不時買蛋撻來探班。」

潮州人的祭祀用品五花百門，好像嫁娶用的「五色禮餅」和出殯用的「千子萬孫」，潮發都有提供代客訂購服務。「五色禮餅」由煎堆、黃發糕、紅雙囍包和兩斤雙囍大包拼合而成，是女家在收到聘禮時，回禮給男家的禮品；至於「千子萬孫」紅粿，就在喪禮上用作供奉。

還有正月初九拜天公用的糖塔，多造成寶塔的形狀，寓意步步高陞。潮發的糖塔來貨自潮州，用白砂糖煮成糖水，再逐少澆入模具內製成。潮州人在祭祀後，會將糖塔煮成糖水，與眾人分享，祈求得着神明的庇佑。

邱老爺表示：「潮州人對神明敬虔，購買祭祀用品更是特別闊綽。初來香港時，我曾替廣東人打工，他們劏雞拜神，在工廠拜完，拿到門市再拜，然後帶回家又拜，一隻雞要拜勻幾個神位！我們潮州人拜神就不同了，每個神位都會個別奉上一隻雞、一條魚和一塊肉。」

16/ 能生津止渴，具潤喉作用的青橄欖。

17/ 用來下粥的橄欖菜。

18/ 這甜鹹菜，據説連蔡瀾都曾經大讚。

潮州味

我問來自廣西的媳婦邱太初來潮發時，是否很難適應？她答：「過去我從事美容行業，每日都要動腦筋，如何服務好手上客戶，讓他們有信心加單，另一邊還要計算佣金是否達標。相較之下，雜貨行業簡單得多，只要肯做、肯學，就不會做不到，最重要是保持出品水準和跟街坊維繫關係。」

「如果說困難，最難便是學潮州話。因為來潮發購物的，大多數都是潮州鄉里，如果能答上兩句潮州話，和客戶之間的距離一下子便拉近。至於潮汕食品，雖然我不懂烹飪，但其實無需要懂，只需緊記各種食材配搭便可，例如薑薯最好配清心丸和小丸子來煮糖水。」筆者最後禁不住買了酥糖和甜鹹菜，酥糖果然酥脆，且不會太甜，而酸甜醒胃的甜鹹菜就盡歸最愛吃「鹹酸嘢」的母親所有。

19/ 九龍城衙前塱道的舊樓拆卸在即，街上幾幢廣東式騎樓建築，包括潮發等一列商舖，快將寫入歷史。

潮州人在九龍城

九龍城內來自潮州和泰國的兩個族群人士，二者息息相關，關係可追溯至戰前。19世紀，不少潮州人選擇離開家鄉，乘船到東南亞謀生，途經香港作補給，暫泊九龍城碼頭，部分人會選擇留在香港發展，九龍城寨便是最近的落腳點。久而久之，便聚集了一批售賣潮州用品和家鄉食品的攤販。就像食店方榮記沙嗲牛肉專家，最初也是在城寨內賣潮州粉麵；沙嗲火鍋本是夥計的福食（又稱「伙食」），勝在長滾長熱，不怕會變冷飯菜汁，誰有空都可以吃上一口，怎料傳香百里，客人也要求照辦煮碗，分一杯羹。

至於那些選擇到泰國發展的潮州鄉里，在當地娶親並且落葉歸根，他們的姻親和後代漸漸學懂了潮州話。至1930至60年代，不少來港的單身潮州人難尋伴侶，居泰的潮州鄉里便介紹泰國女子來港撮合姻緣，泰國社群由此而生。區內的老牌泰國餐館如小曼谷和同心，都是由飄洋過海、遠嫁九龍城潮州社區的泰國新娘所經營。

也有被九龍城潮州社區所吸引，專程來做生意的人，如汕頭澄海老四鹵味專門店便在 1996 年進駐。老闆娘李太憶述：「我在 1978 年由潮州來港時，九龍城全部是潮州人，要買甚麼不用懂廣東話，講潮州話就可以。」

2022 年 5 月，市區重建局啟動九龍城區衙前圍道及賈炳達道的發展計劃，範圍包括潮發白米雜貨所在的路段。收購程序已於 2024 年 4 月底陸續展開，預計至 2027 年上半年居民將會全部遷出，以啟動重建工程。

筆者在 2025 年 6 月下旬再訪潮發，竟見店內加緊清拆還原。邱太說：「後會有期，潮發會遷址重開！」

歲月留痕

④ 興泰儀

興泰儀

鴨脷洲鴨脷洲大街60號

興泰儀扎根鴨脷洲已超過 120 年，位於鴨脷洲鴨脷洲大街 60 號，門口招牌寫着「米糧、油糖、雜貨、火水、罐頭」幾行小字，是一間傳統的糧油雜貨店，店內仍保留開業時的舊招牌 —— 黑底紅字寫上「興泰儀」三個大字。

「我好忙㗎！你坐低，我都不會有時間與你傾談。」筆記藉着與老闆傾談幾句，氣氛融洽，抓緊機會深入店內參觀，正準備翻開紙筆，只可惜遭老闆盧鑑坤識破！

「我不是下逐客令。不過，我要去送貨。」外冷內熱的盧先生最後還是與筆者另約時間見面。

屋簷下

「說起來，包括我的兒孫在內，興泰儀這個招牌共養活了盧氏一家六代。」盧鑑坤是興泰儀的第四代店東，店舖由太爺所創，原址位於現今利東港鐵站利東街出口。

「太爺原本在太平山街賣菜，為逃避鼠疫[5]，落戶鴨脷洲，當時鴨脷洲是水面人[6]聚居的地方，太爺稱為『落河』，直到我阿爸阿媽一代仍沿用這稱謂，泛指在水面搵食。」興泰儀原址樓高兩層，前舖後居，加上叔伯兄弟，廿多人窩居在一間瓦頂磚屋內。晚上，男孩們在貨物堆鋪一張紙皮便睡；夏天是男孩們最逍遙的日子，可以脫去上衣，席地而睡，家家戶戶都夜不閉戶，街道上睡滿了人，民風純樸。

5　1894 年 5 月香港爆發鼠疫，當時太平山區人口過度密集，公共衞生意識薄弱，導致病毒在社區廣泛蔓延。

6　水面人，是上一輩漁民的自稱，自覺在水面生活成長，未知是否與意頭有關。

1
興泰儀
AXE
Timberland

1/ 盧坤鑑背後的興泰儀招牌，由開業使用至今，歷經足足六代。

2/ 現時興泰儀仍保留不少舊物，如圖中的生鐵勺。

3/ 一擔的砝碼。

安定日子

經營糧油雜貨，是和平後的事，盧先生說：「阿嫲講過，我們一家原本向一個替日本人工作的街坊買米，後來因為有人出高價，我們便買不到食米。那個年代要生存，最重要有米糧，於是爺爺嫲嫲在斷糧的恐慌下，就由賣菜轉營糧油雜貨。」當時出入鴨脷洲全靠水路，在洪聖爺廟大香爐位置設有碼頭；鴨脷洲大街九曲十三彎。身處其中的糧油雜貨店沒有既定營業時間，艇家會預早到舖頭訂購糧食，並約定時間到來提貨，通常在大半夜，隨即啟航出海捕魚。

2

3

4/ 皮蛋缸。

5/ 糧油雜貨店必備生財工具：收銀用的鐵罐。

6/ 不少糧油雜貨店都兼售海味，興泰儀也不例外，圖中的瑤柱，售價也算相宜。

7/ 興泰儀將食米直接放在膠袋售賣，已不再用傳統木製米桶了。

8/ 糧油雜貨店內總是隨處夾滿紙仔，方便隨手可以記帳。

盧先生小時候與幾兄弟姊妹放學後總會到舖頭幫手，一家人生活尚算安定，實現了爺爺嫲嫲起初經營興泰儀的心願。「遇有同學到來，總會請同學吃粒冰糖、紅棗，也是我童年時代的零食。」後來，原址拆卸，興泰儀遂遷到現址。店內仍保留不少原址舊物，例如量度散裝米、糖、鹽的鐵勺以及收銀用的鐵罐，鐵罐由毗鄰的榮記五金所送贈，本來裝有滑輪組件和響鈴，可上下伸縮，是最原始的防盜設計；遷到現址後，由於樓底較矮，就拆去伸縮組件。

3

4

6
瑤柱
元貝
每包
半斤
260-

7

8
金標老抽
GOLD LABEL DARK SOY SAUCE

糧倉與通訊站

新舖開張，貨物林林總總，是現在貨物種類的大約 10 倍，例如有比出前一丁更早期的蟹黃麵和雞麵。盧先生說：「以前人求貨，現在貨求人。60 幾年前，你想買一箱午餐肉，豈有現在這般容易？在訂購暢銷商品之前，首先要承購一定數量的『推薦貨品』，通常是一些口味未太普及的罐頭；如果滯銷，便唯有留來自用。」代理商又會舉辦許多推廣，例如送贈品，不單只惠及顧客，就連銷情暢旺的零售商都會受惠。

9/ 店主盧鑑坤將興泰儀橫跨個半世紀的歷史娓娓道來。

10/ 正門招牌上，寫有「米糧、油糖、雜貨、火水、罐頭」幾行小字。

「記得維明去污粉的代理商送過幾隻玻璃杯，我錯手打翻了一隻，杯子碎成一粒粒不鎅手的玻璃碎，閃閃生輝猶如鑽石耀眼！」10 幾歲的盧先生，那次才見識甚麼叫「不碎玻璃」！

現在興泰儀最暢銷是食米，因為有供應給附近食肆。因應人客口味，店內食米劃分「爽口」和「軟滑」兩種，還有煲粥專用的舊米。店內尚保留一個量食米用的坐地磅，可以負重 600 斤，「以前的食米用麻包袋承載，每包重 125 斤，遇上潮濕天氣，空氣不流通，好容易生穀牛，甚至一串串白色的蛀米大蟲。」

除了是鴨脷洲街坊的「糧倉」，興泰儀還是街坊對外聯絡的「通訊站」。60 年前，興泰儀已是鴨脷洲少數裝有電話的商戶，由現址 60 號遠至現今惠康超級市場的 127 至 139 號位置，差不多有四份一條鴨脷洲大街的街坊，都依靠興泰儀的電話與外間聯絡，甚至連郵差都會派信到興泰儀委託轉交附近街坊。

Timberland
KETCHUP

債主淚

不過，街坊情誼也有不敵金錢誘惑的時候。「講起賒數，我便一殼眼淚！」直到現在盧先生還記得，遷舖時，嫲嫲望着一個個塞滿賒數便條的玻璃樽，淚流滿臉的樣子。又有次盧母在看舖，有位老太太來找她，說：「我 40 年前欠下你 20 元，現在我行將就木，特意前來還清債務，好讓自己走得安心。」母親冷冷說：「你要不放下 100 元，要不便甭還了！」母親的說話看似冷酷，實則一字一淚，試想若算入 40 年的通貨膨漲，要還的又豈只 100 元？

客有客賒，店也有店賒。不過，盧氏一家總在農曆新年前清繳記帳，以免壓數過年，只是並非人同此心，盧先生憤憤地說：「若說經濟欠佳，沒有能力償還，尚情有可原；最恨是有些風生水起，在你面前大搖大擺經過，仍然欠債不還！」興泰儀現在已不設記帳，只象徵式為一、兩個關係源於上世紀的客戶，提供記帳服務。

還有一個改變，便是盧生自 10 多年前開始，已經沒有送貨上樓，頂多推車仔交貨到碼頭附近商舖。「鴨脷洲多唐樓，我年紀大，再沒有力氣送貨上樓。」盧先生說來，不無唏噓。

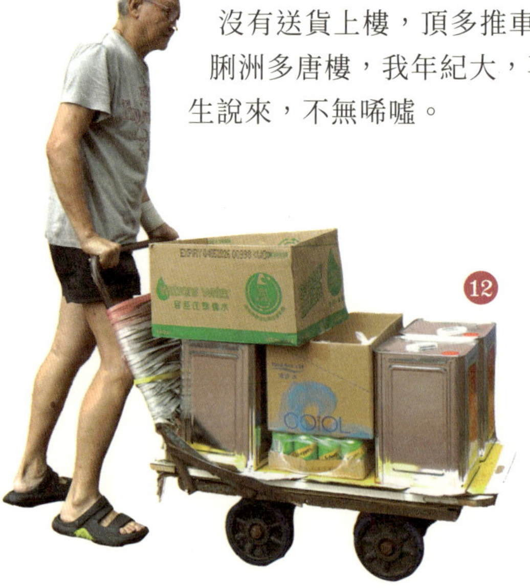

11/ 白紙上上密密麻麻的貨物進出記錄，也記錄了盧坤鑒一天的工作。

12/ 年紀不輕的盧坤鑑，近 10 多年已沒再親自送貨上樓，頂多推車仔將貨物送到附近大牌檔。

為方便顧客，士多、辦館和糧油雜貨店都會提供記帳服務。

早 19 世紀中葉，辦館（Provision Store）已為居港外籍人士應付日常生活所用所需而設；這些外籍人士指派傭婦到店購物，傭婦鮮有讀書學字，故有記帳的需要，由掌櫃先生用手帳記錄客人的取貨日期、項目和銀碼，之後客人每月結清，故辦館又名「簿仔店」。後來，糧油雜貨店也提供賒數服務，方便街坊。

戰後，糧食緊絀，「簿仔店」由月結清繳，改為每週結帳。不過，居港外籍人士的人口流動相較華人社會頻繁，時有「走帳」的情況發生。有辦館職工便憶述：「試過跑到九龍城啟德機場，向準備離港歸國的外籍家庭追數！」

開門七件事

開門，象徵家庭一天始作；開門七件事，指家家戶戶每天都離不開這 7 種維持日常生活的必需品，也概括了糧油雜貨店的營業範圍。

要由生米變成白米，需要經過煮食。煮，異體為「鬻」，隸變作「煑」，標準字體用「煮」，部首為「火」。開門 7 件事一詞，源於南宋的吳自牧，宋朝確實用柴作為煮炊的燃料。來到 19 世紀，香港已改用煤炭，其後又變成了燒火水，及至石油氣和煤氣普及化，兩者被列作危險品，受香港消防處所管制，需由持牌商戶提供相關服務，糧油雜貨店在供應煮食燃料的角色告一段落，只留火鍋用的卡式瓶裝石油氣或燒烤用的環保炭等貨品，為街坊提供便利。

食米在中國南方一直是主要糧食，其穩定供應對社會安定至關重要。香港的食米供應歷經多次變革，反映了社會經濟的變遷。

戰後的 1945 年，香港重光，港英政府實施食米配給制度，以確保糧食穩定。

1949 年 7 月，為防止米商在配給米中混入雜物或劣質米，政府規定所有糴米舖須懸掛一瓶「米辦」以供識別。同年 8 月，香港米行商會獲政府授權，在灣仔及九龍新填地街市設立「香港米行商會經理政府白米代售處」。1950 年 1 月，「香港米行商會發售政府白米處」成立，負責辦理零售米商登記與編制工作，並規範零售商需以限價出售政府白米。

1954 年，香港米業正式進入「三級制」，由持牌入口商（「頭盤商」）將食米分配給批發商（「二盤商」），而零售商（「三盤商」）則只能向批發商購米。1960 年，政府編製全港零售米店名冊，以加強對市場的監管。

1974 年，石油危機引發高通脹，市民於米舖排隊糴米，尖沙嘴某超市為縮減輪候時間，開始以 10 公斤為單位預先包裝食米出售，小包裝食米意外誕生。另同年 4 月成立的消費者委員，獲政府撥款購米，並以相同單位包裝食米再轉售市民，以舒緩食米情況。1975 年，金源米業與超市合作，試推小包裝零售食米，市場反應熱烈。

1980 年代起，連鎖超市大幅擴張，導致糴米舖及糧油雜貨舖的生意大受影響。

至今，食米仍是香港唯一法定儲備商品，受工業貿易署下《儲備商品條例》（香港法例第 296 章）附屬規例所管制，以確保有穩定的食米供應。

油

戰前，香港已有鐵罐裝食油。1939 年的花生油廣告，公開發售 4 磅半、9 磅 2、18 磅和 25 斤的鐵罐裝食品，最袖珍的 4 磅半罐裝都要售 1 元，當時可謂價格不菲，並非人人負擔得起。糧油雜貨店看準機會，購入大罐裝的花生油，街坊只需自攜容器如有蓋鎅盅，便可以購買散裝食油。

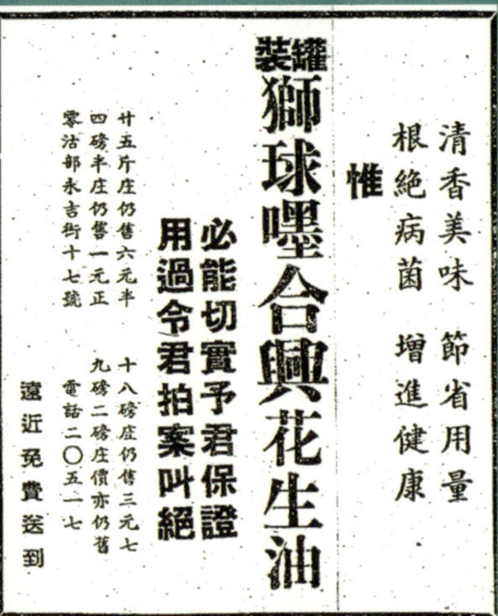

有關香港鹽業最早的記載，見於西漢時期。宋代，香港的鹽業發展至鼎盛期，大奚山（今大嶼山）和官富場（今觀塘）均是產鹽重鎮。及至元明兩代，香港的鹽場相繼被撤廢。清初遷海（1661-1679），福建、廣東以至浙江等地全縣撤廢；復界（1683）後，清乾隆四十年（1775）至五十一年（1786）間，山貝河至后海灣間沿岸仍有官辦鹽田。到了清代後期，香港鹽業日衰，除屯門、大澳區內鹽田較集中；大埔、沙頭角地區只餘零星的小規模產鹽；其餘鹽田荒廢，改為魚塘、田地或房屋。洋行來港後，引入標榜「品質純淨、衛生可靠」的盒裝餐桌鹽，遂成為糧油雜貨店的常銷貨品。

香港醬園業的發展，最早可追溯至 19 世紀末，歷史長遠。當時香港的醬園集中在九龍城，包括 1898 年立足香港的品珍醬園、1917 年創辦的美珍醬園（1941 年易名九龍醬園）和 1928 年開業的冠珍醬園，自設曬場，採用天然生曬的傳統方法。出品除了醬油外，一般還會利用豆渣和原豆，調配麵豉、磨豉、原粒豆豉、柱侯醬和海鮮醬等醬料，又會釀製酒醋、煉製麻油、發酵腐乳和南乳，以至醃製漬物和涼果等，除了內銷，還風行海外。

從前，糧油雜貨店會從醬園購入原缸的醬料和漬物，因為家庭烹調的用量不多，街坊可按需要購買散裝醬料和漬物，金額亦不過一個幾毫；後來，糧油雜貨店會預先用膠袋包裝成一小袋，並劃一售價，簡化買賣流程。為了統一醬料的品質，符合現代社會對食物安全的要求，醬園引入標準化的生產和監控流程，衛生包裝取代了醬缸。2013 年，《商品說明條例》全面實施，糧油雜貨店告別了散裝買賣。

醬園和酒廠關係密切，《香港年鑑》便將之列入同一屬類 —— 酒莊醋莊業，這和酒廠的生產過程有關。酒廠在蒸米酒時，先要洗淨食米，再用鍋爐將米蒸熟。工人將飯鋪平在「飯房」內的混凝土長枱，用風扇吹乾，便可加入搗碎的酒餅，與飯拌均，最後入埕加水發酵。

完成發酵後，便成蒸酒的材料，可以倒進鍋爐開始蒸酒。首先蒸起的米酒，含酒精量最高；之後每蒸一次，含酒精量都會遞減；直至酒精度低於 20%，欠缺酒力，便會停止再蒸。鍋爐內剩餘的便是酒糟，可以轉售給醬園發醋；也有自行發醋的，稱酒醋廠，例子有始創於 1898 年的和發興酒醋廠，其位於西貢井欄樹的廢棄廠址，曾被電影《盲探》和《救火英雄》用作拍攝場地。

當在沙田瀝源邨的豐昌辦館發現盒裝和散裝茶葉，甚至竟然還有茶餅，筆者頓覺彷如跌進了時間的黑洞！中國人飯後一杯茶，既消脂解膩，更是生活享受，可惜超級市場的崛起，令葉茶在勢孤力弱的辦館和糧油雜貨店內無聲消失。

米格（空心櫃）

多屬訂造，格數店主要求，每格可放入一個米桶，展示不同品種（俗稱花款）的食米，並在米桶內插入寫上食米花款的膠牌，以作標示。

花牌上的價目，往時是用花碼來標示的，但隨着阿拉伯數目字愈趨普及，加上外傭亦不懂花碼字，後來逐步換上阿拉伯數字。

木製米桶每個可承 60 斤白米。

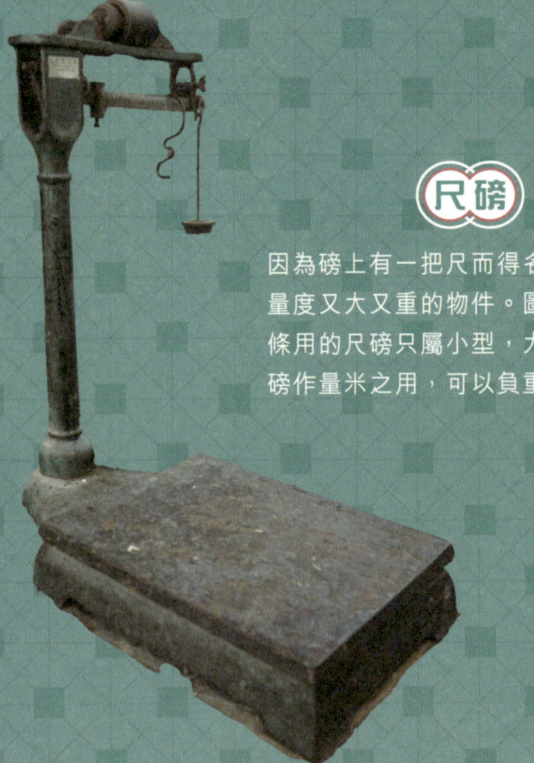

尺磅

因為磅上有一把尺而得名，一般用以量度又大又重的物件。圖中這座量麵條用的尺磅只屬小型，大型的座地尺磅作量米之用，可以負重 600 斤。

天秤磅

要量度較輕盈的貨物，便要出動天秤磅。方法是放入相關貨物後，在另一邊放上砝碼以作量度。

斗

斗是量米和豆等糧食的器具；斗是古代盛酒的器皿，又是容量單位，十升為一斗。甲骨文和金文的斗字形似一把有長柄的勺子。

箕

既可篩走食米中的穀殼和沙塵雜物；又可用作天然日曬海味的器皿。

麻包袋勝在疏氣和吸濕，在 1980 年代之前曾經是普遍的糧食包裝。

梯

老鋪的樓底高，一般會用木板間一個閣樓，供存放貨物之用。上落閣樓，自然要用梯借腳。

吊鈎

昔日善用空間的儲存工具，更利於展示貨物，並有防盜作用。一般用作掛海味等貴價貨品，或者魚肚、豬皮、腐竹等重量較輕的貨物。

收銀吊籃／筒

用繩子一邊繫上收銀用的竹籃，另一端則繫上重物和響玲，中間安裝有滑輪。竹籃因為較輕，會被扯上天花；當要收銀時，只要用手扯着繫有重物的一邊，竹籃便會垂下；完成找續後，一放手，竹籃隨即被扯上天花。竹籃每次上落，都會牽動響鈴，為防盜發出警示作用。

著者
譚潔儀

責任編輯
梁卓倫

攝影
潘俊賢

裝幀設計 ・ 排版
鍾啟善

出版者
萬里機構出版有限公司
香港北角英皇道 499 號北角工業大廈 20 樓
電話：2564 7511　　傳真：2565 5539
電郵：info@wanlibk.com
網址：http://www.wanlibk.com
　　　http://www.facebook.com/wanlibk

發行者
香港聯合書刊物流有限公司
香港荃灣德士古道 220-248 號荃灣工業中心 16 樓
電話：2150 2100　　傳真：2407 3062
電郵：info@suplogistics.com.hk
網址：http://www.suplogistics.com.hk

承印者
美雅印刷製本有限公司
九龍觀塘榮業街 6 號海濱工業大廈 4 字樓 A 室

出版日期
二〇二五年七月第一次印刷

規格
特 16 開（150 mm × 220 mm）

ISBN 978-962-14-7633-3